王瑞瑤——著・攝影

吃美食
也要長知識

目錄
Contents

美食安全好，放心吃到老

輔大餐管系兼任講師・前衛福部食藥署技正・食安權威 文長安

雖然我在公職餐飲工作上服務了25年，在大學餐飲系擔任兼任教職也有28年光景，但由於生活的狹隘性，我接觸的人物大部分是餐飲烹調從業人員及餐飲經營者。當下一些美食界名人，對我來說仍是非常的陌生，當然也包括王瑞瑤小姐。

但我與王瑞瑤小姐的先生曾秀保師傅認識已超過25年，曾師傅曾擔任國際觀光旅館亞都飯店中餐行政主廚多年，是一位相當出名的儒生主廚，很多在廚師上常見的缺點，於曾師傅身上幾乎找不到；曾師傅不抽菸、不喝酒及下午二點到五點空班時埋首社會公益宣導的好習慣，徹底的改變了社會對廚師的負面形象，如今社會對廚師讚美有加，曾師傅不愧居功厥偉。當然曾師傅天然美食的善知識，也帶給了王瑞瑤小姐無比的啟發性。

我是個素食者，對國內化學調味料濫用情形有著極深的反感，過去我在行政院衛生署（現已更名為衛生福利部食品藥物管理署）服務時就經常宣導中華美食的定義就是「好吃但不口渴」的概念。但曾何幾時！這概念就被食品添加物高手徹底的擊破，現在核甘酸調味料（例如：5'-次黃嘌呤核苷磷酸二鈉、5'-鳥嘌呤核苷磷酸二鈉）、pH質調整劑（例如：反丁烯二酸鈉、磷酸鹽類、檸檬酸鈉）、甜味劑（例如：醋磺內酯鉀、三氯蔗糖）在餐飲上到處橫行，且吃了也不會口渴；這更加深說明了社會上亟需要一本好的飲食書籍，來灌輸大眾「美食與健康並行並重」的正確飲食觀念，可是在過去這本書好像找不到。

與王瑞瑤小姐認識僅有三年的光景，她是一位很出名的美食記者及美食廣播節目主持人，文筆口才相當的好。認識她後，我更覺得吃美食不是只有喊爽而已，爽的結果一定會害到自己身體的健康，吃美食一定要長知識，這

食安權威文長安在中廣流行網「王瑞瑤的超級美食家」暢所欲言。

樣才可以吃出健康、吃出快樂,可是這是談何容易的事?這問題很簡單,美食家不一定懂食安,食安學者不一定懂美食,唯有將此兩領域之專家學者合體,才能創造出最好的美食健康境界。過去我一直想做,但卻無法達成的夢想,如今王瑞瑤小姐做到了。

當我獲邀約為這一本書《吃美食也要長知識》寫序時,我覺得十分好奇,這怎麼可能?我不是因為邀約我寫序而覺得驚訝!而是訝異一本書怎麼可能將美食與食安學者的知識彙整在一起,這真是太意外了。依據經驗法則,這兩行業的人的知識很難融合在一起,美食是一種藝術及心理學的表現,而食安卻是道德與良心的發揮,這兩領域是有衝突的;這點,我很為王瑞瑤小姐高興,她做到了。她將過去三年,於美食廣播節目訪問美食達人與食安學者的知識內容整理成冊出書,分享與社會大眾,功德無與倫比。

個人擔任公職25年退休,於公職期間,查獲許多違規食品案件,幾乎都與美食誘惑「俗擱大碗」相關,人類是禁不起欲望誘惑的。幾乎所有的消費者

都喜歡重口味、高糖、油炸、高糖之食品，依據台灣肥胖盛行率已超過25%現況來看，國民飲食再不節制，慢性病盛行率攀升可能就是我國健保最大的負擔。

市售食品如果不添加添加物，很難獲得消費者的青睞，因此食品添加物確實有其必要性。食品添加物有著色、調味、防腐、漂白、乳化、增加香味、安定品質、促進發酵、增加稠度、強化營養、防止氧化或其他必要目的之功能，我國訂有食品添加物之品名、規格及其使用範圍、限量標準，並將添加物分為18類800種。歐美國家食品業者於使用添加物時，每一類只使用一種；亞洲國家食品業者卻是每一類都使用好幾種，且同時使用好幾類，亦即添加物有過度使用之情形，現在餐飲食品已有很多於短時間內不會腐壞，消費者外出飲食造成上吐下瀉食品中毒情形已很少見，即是很明顯的一例。添加物添加多了，一定會造成代謝及生長發育很大的負擔，健康必定會受到殘害，這是大家都不願意看到的事。

本書《吃美食也要長知識》足以解決很多消費者心中的疑惑，引導消費者進入一個健康正確的飲食觀念，是一本非常有突破性的好書。作者不只滿足了現代人美食的口欲，以正面方式——天然食物健康了消費者的身軀，告訴消費者如何正確吃各種食物，更以實際操作的「健康食譜」引導消費者進入更健康的世界。這本書對美食健康的細節，可謂都照顧到了。

本書作者是站在第一線具有最豐富工作知識的專業美食傳播人員，正確宣導健康美食知識與社會大眾是她的分內之事，這本書確是一本飲食好書，非常適合所有社會大眾閱讀，值得推薦給所有社會大眾，我相信您閱覽完畢後，一定對您及您的家人健康會有非常正面的輔益，敬祝大家——美食安全好，放心吃到老。

【推薦序】

探討食物美味旅程與美味履歷的專門書

魚達人 **李嘉亮**

近年來民眾關心三餐與外食這一件事，已經由餐桌菜餚廚藝的層次，無限上綱廣泛延伸，小到辣椒、青蔥，大到米飯、牲畜肉類，乃至於魚蝦海鮮，一樣又一樣錙銖必較，都要弄清楚怎麼來的，有沒有加灰色的添加物？通過哪些檢驗？在哪裡生產？是誰生產的等等。也許這樣說一時間還不能引導讀者進入這一篇推薦序的核心。再具體說明現在社會湧動的潮流，稍微想一下您一定懂的。「食物旅程」的風潮，原本只是節能減碳救地球的一個子議題。農業大國生產的麥子，大船裝載漂洋過海到臺灣港口，卡車送到麵粉廠磨粉，再送到麵包店做麵包，您趕熱潮長途開車排隊購買當紅搶手貨，食物漫漫長途的旅行，最終到了餐桌，整個食物旅程用了多少石油？留下多少碳足跡？原本只是關心食物旅程產生多少二氧化碳，利用在地食材減少碳排放，盡一點力氣延緩地球暖化，卻引發波濤萬丈的後續效應，超乎原先設想的還要大很多很多。

食物既然有產地到餐桌的旅程這件事，民眾連帶關心起整個龐大食物供應鏈的各個環節，而且不僅止於食物這一個大項目，連帶所及的包括調味料鹽巴、醬油、蔥薑蒜、食用油等等實在不勝枚舉。舉凡雞鴨豬牛怎麼養的，是不是屬於生產過程善待動物的友善農場，吃些什麼飼料？用哪些飼料添加劑？大家開始發覺這樣追下去沒完沒了，但社會大眾還是窮追不捨，一個又一個多年沉痾的食安問題陸續驚爆而占滿媒體。這還沒完，種蔬菜的有機栽植體系，在臺灣醞釀二十餘年都屬於冷議題，近來發光發熱常是媒體焦點。人們退而求其次的無毒栽培，也好過多年以來施化肥、打農藥的慣行農法。

擁有生產履歷的各種家禽畜、魚蝦、蔬果，從來沒聽過的突然冒出來，常常是社會各階層關心健康者議論的話題。大家終於恍然大悟，認識不可一日或缺的食物，識食的食物教育、食安教育，竟然多年來從教育體系裡面被剝離，一直以來我們的一日三餐都吃著一無所知的食物。一無所知產生的恐懼，才是最可怕的恐懼。王瑞瑤的這一本《吃美食也要長知識》，在這一方面確實給大家增長了不少知識。

食物的安全與健康，構築在漫長的食物旅程裡面，是什麼樣的種子種出的？是不是基因改造？有沒有被基改食物基因所汙染（雜交）？噴了哪些藥？有哪些藥物殘留？儲存、運輸、加工過程變質腐敗了沒？有沒有感染黴菌？製造過程有哪些灰色的食品添加劑？保存期限可信度如何？食物旅程的食安大項目沒幾個，細目數十到數百個，說也說不完。比方說國內農藥殘留檢驗項目三百多個，日本四百多，美國五百多，隨便一道青菜炒肉絲，油鹽、豬肉、青菜檢驗總項目恐怕近千個，由此可見問題的棘手與難以管理。《吃美食也要長知識》是講了不少食安與食物旅程，但是還有一個大方向，掌握住目前食物旅程、各種安全友善養殖食物等等都漏掉了的大問題，近來大家都學會了關心食物旅程、履歷、安全的管理流程，卻一直都忽略了其中還有一大項目：食物的美味旅程與美味履歷！

人的味覺很奇妙，遇弱則強、遇強則弱。有人常吃重口味的食物，所以美酒佳釀就口卻不知香醇何在，一磅幾千元的咖啡豆和兩百塊的都覺得差不多，此味覺遇強則弱之例證也。偶然吃到有機健康蔬食餐廳的菜餚，不就是撒點岩鹽、滴幾滴葡萄醋、淋一點橄欖油等等平常的調味料，簡單調味烹調的生菜沙拉或清蒸，用餐期間上菜慢得恰到好處，味覺逐漸被喚醒，越到後面滋味愈美妙，味道豐富與多變遠遠超出剛開始的感受。味覺遇弱則強的體驗，也許您早經歷過，或許您想親自體驗真假；體驗美味是何等複雜無定論，所以從來都沒有一個準。但只有充分體驗味覺遇弱則強，才有機會體驗感受，回溯美味旅程裡種種食材、調味料多樣的、一丁點微弱的美味。

《吃美食也要長知識》的書裡，在龐大的範圍內，額外提供您另一個美食創新的思考大方向，原來美味是經由食物旅程與履歷帶入廚房，透過大廚巧手上餐桌。從來談美食的，很少談到食物進入廚房前的一大段美味歷程。相

魚達人李嘉亮除了說海鮮，還傳授野外活動與生活常識。

同的食物來自不一樣的旅程、生產履歷，是有機、是無毒，農場機械大量生產，還是荷鋤日正午的一滴血汗一粒米，同一種食品生產方式不同味道大有差異。小規模生產的味道相對獨特有個性，大量生產的常常吃得到不稀罕，多被降到普通等級。任何一道菜裡添加非一般普遍生產方式的食材，往往給菜餚加分，也是美味的重點。不一樣的鹽、食用油，不同來源與種植法的辛香料，友善養殖的土雞當主材料，不同的炊具再加上大廚的巧手送上餐桌，適當被喚醒的味覺，成就了那一生一次的美食饗宴與腦海裡永遠的回憶。

　　食品履歷與食安，食物美味的旅程與履歷，即使簡單的一道菜都無窮盡說不完，《吃美食也要長知識》收錄四十幾篇文章，每一篇都在談食物旅程，美味旅程，美味與烹調，文章不時出現的食安專家、美食廚藝名人專家，聊食安談廚藝，還有漫漫長路來到廚房上餐桌的食物美味的旅程，雖然知識多到說不完道不盡，但每一篇都是範本，讀者因此舉一反三輕而易舉，更是這一本書珍貴與獨到之處。

知識是力量，美食不盲從

　　「吃美食也要長知識」的源起，不在2013年5月1日中廣流行網開播的「王瑞瑤的超級美食家」，而是更早，於2012年11月24日《中國時報》美食版獨立製作的美食評鑑專題：「披著羊皮的狼？揭開天然酵母的真相」開始具體。

　　學新聞跑新聞30年，從來不喜歡隨波逐流，1998年進入中國時報集團工作，採訪美食也負責美食和旅遊相關版面與新聞，最喜歡獨立策劃製作專題，也時時督促記者培養自我觀點，揭發美食的真相。

　　所以年菜、月餅、粽子、母親節蛋糕等節慶吃食變成固定評鑑，除了實體通路，也增加網購美食等等不定期流行美食的鑑定，正是這樣盯上了胖達人！

　　胖達人麵包以難買出名，還好有朋友主動捐出一個隔夜麵包讓我試吃。那天下午，我在一個小會議室裡，吃了一口又看了組織，決定請美食記者邱雯敏邀請烘焙專家出馬，破解宣傳上所謂天然酵母、手感麵包與無添加人工香精是否為實。

　　又是一個下午，外國麵包師傅、餐飲部門主管、飯店烘焙主廚、餐飲學校老師齊聚在小房間裡，面對胖達人與類胖達人等六家28款麵包進行試吃，當天我被各式各樣的香料薰得頭昏腦脹，吃到不同家卻是相同預拌粉做的麵包，見識到麵包中心經過攝氏92度烘焙，撕開來之後還能跌出巧克力豆、起司丁等不會融化的加工品，觀察麵包狀態完全沒有天然酵母的特徵，那一天結結實實上了一堂烘焙的震撼教育課，也認清消費者對美食的盲從，名人牌走到哪裡都吃得開。（全文請上網搜尋「胖達人邱雯敏」或「胖達人王瑞瑤」）

　　隔年8月香港演奏家李冠集，在網路上發文質疑胖達人香港店的產品添加

違反錄音間規定偷吃原味廚房設計的石碇媽媽味便當。

品嘗行家推薦高雄湖東清涮牛肉店。

與我先生曾秀保保師傅的學生聚餐在老上海菜館。

全副武裝採訪台南七股蚵田。

在巴黎米其林一星銀塔餐廳裡，向產學界介紹有如古代酷刑的榨鴨機。

人工香精，之後媒體大幅報導，經檢調單位調查，一步步揭開台灣當紅連鎖麵包店摻偽不實的假面，當然這已是後話。

「吃美食也要長知識」跟我一路到了中廣流行網，從平面躍向空中，成為「超級美食家」最響亮的口號，2013年5月在午間11點播放1小時，2015年10月起增開晚間6點新時段，一週9小時，邀請餐飲界的行內人上節目討論各種有關美食的大小事，聊熱門新聞、說餐飲現狀、教烹飪技巧、談老店故事等等包羅萬象的有趣話題，並在節目結束後整理成文字，一篇篇貼在「王瑞瑤的超級美食家」的臉書粉絲專頁裡，供大家參考。

去年10月告別了我最愛的報紙工作，專心投入挑戰性更高的廣播世界，雖然發音不準、咬字不清，還經常搶來賓的話而被聽眾抱怨，可是我真的很想扮演好媒體人的角色，篩選出有用的資訊傳遞給閱聽大眾。

資訊傳遞愈來愈發達，可信度愈來愈薄弱，問道於盲是普遍存在的問題，以過去豐富的採訪經驗加上認真的生活態度，結合來賓在節目中分享的字字珠璣，將吃美食也要長知識的口號落實成一本有用的生活書。在整理舊文撰寫新稿時，訂正了部分筆誤與疏漏，並再次檢視聽眾的回覆意見，期望能把正確而有用的資訊廣為流傳下去。

感謝食安權威文長安、李日勝老闆娘王麗蘋、有齡農場執行長白佩玉、魚達人李嘉亮、侯媽媽李嘉茜、美國肉類出口協會駐華辦事處處長吳秋衡、奧利塔橄欖油暨國際品油師吳文玲、元香與老西門沙茶火鍋老闆吳振豪、前《中國時報》現《聯合報》美食記者邱雯敏、烹飪老師林美慧、西華飯店中餐房點心主廚洪滄浪、穀盛食品總經理許嘉生、女食神莊月嬌、鄉庭無毒休閒農場張進義、烹飪老師程安琪、鈊景牛老闆楊鎵燡、晶華酒店宴會廳主廚蔡坤展、台灣牛排教父鄧有癸、香格里拉遠東飯店集團廚藝總監劉冠麟、台灣觀光協會會長賴瑟珍、PINO義大利燉飯專賣店老闆謝宜榮、前壹周刊美食記者蘇曉音、煦利品酒藝廊負責人男神卡卡Guillaume Cadilhac、Lalos Bakery烘焙主廚Guillaume Pedron與其夫人Ellie等人（以上人名按姓氏排列），在中廣流行網「超級美食家」的節目中無私分享，以及我母親與天上的父親從小到大的身教與言教，當然還有我先生曾秀保保師傅大力支持。

吃美食也要長知識，超級美食家，馬上出發！

中廣流行網超級美食家不但放送笑聲還有美食知識。

在金石堂瑪德蓮書店，咖啡大啖法式羊排。

被偷偷拍下工作中的模樣，我居然會用右手持筷挾肉，左手反拿相機拍照。

米麥
雜糧篇

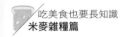
台灣好米是口號？

　　台灣出好米，你我都知道，也琅琅上口，可是你今天吃飯了沒？三餐之中有吃到一碗台灣好米煮出來的香噴噴白米飯嗎？

　　2014年8月，在我所負責，《中國時報》週六出刊的《旺到報》，發動「用吃愛台灣」系列專題報導。之前曾奉長官指示，邀請拿下法國酵母公司主辦的世界麵包冠軍吳寶春來開專欄，介紹食材並認識小農，卻發現推廣效果有限，因為多數民眾不會煮也不懂吃，因此決定換個方式，獨立策劃執行「用吃愛台灣」計畫，直接揭櫫三個目的：

　　一、人人認識在地食材，一張嘴，吃遍全台當季最美味。

　　二、農夫不再看天吃飯，一畝田，低賤作物變有價商品。

　　三、廚師技法完整傳授，一家人，料理珍愛台灣的佳餚。

　　就這樣開始帶著廚師直接下鄉，找到願意支援的民宿合作，請師傅以當地當令食材示範料理，每一站做成圖文並茂的4個版面，其中DIY食譜累計上百道之多，該計畫也在隔年受到報社支持而成立專案專款，專題陸續刊出總計22站，在我離職後終止。

　　22個用吃愛台灣的專題，有15個專題使用台灣米（還不包括糕粿等），台灣出好米，到處都有特色米，可是台灣人卻不愛吃飯，製作專題初期，發現國人平均食米量一路下滑，每人每年吃不到45公斤的白米，隔年再溜滑梯成36公斤，是近十年的新低點，與消費巔峰相較，相差一倍以上，所以拜託隨行師傅說什麼也要想辦法使用在地米做料理，教民眾知道吃飯的其他方法。

　　於是紫蘇蘋果壽司捲、雙薯米漢堡、魩仔魚金桔撈飯、綠豆黑豆漿、金沙鴨賞飯包、地瓜小米稀飯、苦茶油佐龍眼飯、核桃米豆漿、炭烤米棒、鮪魚滷肉飯、地瓜燕麥糊、虱目魚丸粥、烏魚子鳳梨炒飯、紅蟳米

(左)欣葉台菜董事長李秀英利用電子鍋炊煮雞肉栗子或高麗菜飯。(中)天母沃田旅店的沃田辦桌餐廳每個月輪流使用各地好米。(右)皮串肉的彰化成功路泉字號焢肉飯,白米飯煮得香。

糕、土石流生炒糯米飯、白果豆漿粥、煲仔窩蛋牛肉飯、鹹魚肉餅飯等台灣好米料理紛紛躍出。

更有甚者,遠在拉拉山中巴陵的深谷中,桃園復興鄉福緣山莊老闆娘鍾張月英,想學新穎又美味的飯糰,可是拉拉山沒人種稻米,在地食材搜尋擴大到整個桃園,發現桃園芋香米最近幾年有得獎,所以列入指定食材,並請老闆娘負責購買材料。記得出發的前一天,與鍾太太做最後確認,她從電話那端告訴我,買這包米真的不麻煩,她派兒子開車去桃園找,來回不到四小時,也讓我放心,只要我和師傅一抵達,桃園芋香米一定準備好。

抵達當晚,師傅著手備料,來自香港的女房客聽說有台北來的五星級飯店大廚要示範飯糰,紛紛擠進廚房東看西瞧,師傅教做飯糰,先教煮飯與保存,否則每天早上都從洗米煮飯開始,民宿老闆娘即使有心供應飯糰,也無力天天執行。

其實這一招也適用於家庭,取較大量的米一次煮熟成飯,等到白飯冷卻,依食用量分袋包裝,冷凍保存,每次想吃飯或做飯糰時,便解凍加熱,可大幅縮短烹調時間。

師傅製作飯糰的概念有條理又健康,先將桃園3號芋香米、紫糯米、長糯米三種米一一用傳統電鍋或電子鍋煮熟,再拆成小包保存,今天混合芋香飯和紫米飯,明天換糯米飯加芋香飯,變化組合吃飯糰,搭配鹹甜做法,天天都不會吃膩。

適合做飯糰的煮飯方法：

白米：

　　一、清水沖洗多次至水清，並完全瀝乾水分。

　　二、以1杯米對上0.7至0.9杯水（視當季米與隔年米調整水量，米愈新，水愈少），入鍋蒸熟。

　　三、量米要平杯，否則水量誤差很大。

　　四、可加幾滴油，讓白飯不易沾黏。加幾滴檸檬汁，使白飯更加白皙。

　　五、電鍋開關跳起來，不要立刻揭蓋，等待至少10分鐘，燜透燜Q。

紫糯米：

　　一、水略沖，米不必洗，加水淹過很多，浸泡8小時，再完全瀝乾水分。

　　二、加冷水至糯米高度的一半，同樣入鍋蒸熟，時間約50分鐘，同白米步驟五，再燜10分鐘。

長糯米：

　　一、同紫糯米方法泡水8小時，並瀝乾水分。

　　二、不加水直接放入大同電鍋乾蒸，外鍋要記得加水，乾蒸50分鐘至米粒熟透，一樣燜一下。

　　由於紫米和糯米都要事先泡水才能操作，若真的忘記浸泡又臨時要煮飯，可用滾水直接沖入米中，等待3至5分鐘後，取一兩粒米用指甲掐，若輕鬆捏斷，立刻瀝掉熱水，繼續完成步驟二即可。另外，若是第一次沒蒸熟，可均勻灑些熱水蒸第二次，但不要灑太多，米飯糊爛可沒得救。

　　飯糰的吃法，不限於豆漿店的早餐飯糰，或是超商的三角飯糰，市面上有許多廚房小五金用品店，販售壽司模型，皆可拿來運用，而且為防止飯粒胡亂沾黏，增加製作困難，煮飯時除了加些油，熟飯亦可拌入少

↑ 沒有鹹甜的龍德米庄爆米香比進口玉米片健康一百倍。

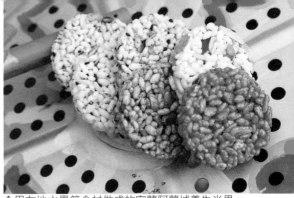
↑ 用在地水果等食材做成的宜蘭阿蘭城養生米果。

↑ 第一鍋炒出來的台南矮仔成蝦仁飯。

→池上源天然在稻田邊吃新派飯包，連中國遊客也組團前來體驗。

↑ 吃完了台南晶英酒店的七層海鮮蒸鍋，鍋底剛好拿來煮粥。

→漢來蔬食餐廳口感豐富的藜麥八寶菜飯。

↓台東池上曬穀場手作坊的無添加純蛋米蛋糕。

許奶油、鮮奶油、椰漿、美乃滋,以及一些用油煸炒過的細碎拌飯料,例如:菜脯、冬菜、榨菜、鹹魚、雞蛋、菇蕈、瘦肉丁、筍丁、豆仁、玉米粒、蔥或薑或蒜或辣椒等。

飯糰可以包海苔吃,也能佐生菜,更能用荷葉或粽葉包裹,不但保存與攜帶更方便,冷凍再復熱也別有一番風味。

其實沒有模型,利用塑膠袋的一角也能做出三角飯糰,要訣是先把飯糰捏成有厚度的三角形,塞進塑膠袋的一角,醜醜不成形也沒關係,一邊推飯一邊拉緊塑膠袋,透過擠壓完成三角飯糰,但注意別太用力,把飯糰壓扁,口感就不好。

此外,連鎖餐廳和超市販售的米漢堡可以自己做,也就不怕吃到額外的添加物。白飯放冷拌入適量的生雞蛋做為凝固劑,再加少許有香氣的油增添風味,例如:麻油、苦茶油、橄欖油、花生油均可。準備數個西餐用6公分直徑圓模,先在內層塗油備用。平底鍋燒熱,塗油少許,先熄火,放進圓模,把白飯填進去,厚度別太高,約1公分左右,否則煎不熟,然後開小火慢煎定型後,抽掉模型,翻面再煎,即成金黃米漢堡。自製米漢堡可冷藏數日,食用前蒸熟即可,操作起來並不難。

小時候人人會背:「鋤禾日當午,汗滴禾下土,誰知盤中飧,粒粒皆辛苦」,出自唐朝詩人李紳的〈憫農詩〉,然而憫農詩有兩首,另一首是「春種一粒粟,秋收萬顆子,四海無閒田,農夫猶餓死。」當時是影射地主剝削佃農,如今種田人一樣辛苦。

走訪全台灣知名度最高的台南後壁崑濱伯黃崑濱,2004年參與紀錄片《無米樂》的拍攝而走紅全國,2005年與當地老字號芳榮碾米廠合作商開發稻米專業區,2006年便以自家種的益全香米拿下全國總冠軍,目前指導有志一同的近百名農夫,用他的方法管理近百公頃稻田,種出等同冠軍品質的好米,並打出芳榮無米樂、有米樂、禾家米等品牌,亦鼓勵農民直接賣包裝米給消費者,透過自產自銷,直銷宅配,也賺取通路利潤。

崑濱伯說,得獎後種米收入從5、6萬增加到10萬多元,品牌包裝米每

LALOS BAKERY試著把桃園香米變成白醬燉飯佛卡夏。　冠軍米得主崑濱伯在台南後壁富貴食堂大啖芋香米。　花蓮民宿芳草古樹把客家人的擂茶變成湯飯。

公斤零售價拉高到110元，有機米1.5公斤220元的行情，但我忍不住追問他的年收入有破百萬嗎？崑濱伯搖搖頭說沒有，很多人專程跑去跟他拍照聊天，現場試吃的人看起來很多，但掏錢買回去的卻很少，因為現在人少下廚，也不喜歡吃飯，而且芳榮碾米廠第四代張美雪也透露，崑濱伯的特色米只占米廠總營收的5%左右，米價也不是全國最貴，投入的資源卻最多，但芳榮是沒有賺錢的。

　　台灣出好米，人人都知道，但是你今天吃飯了沒？很多人不吃飯的理由，是擔心容易變胖，但飲食習慣的改變才是最根本的原因，麵粉已逐步取代白米的地位。

　　台灣上一次出現飲食大變革在上世紀初日據時代，地點在台中區農業改良場（當時名為台中州實驗農場），日本福岡育種家末永仁在1929年發表「台中65號」新品種，1935年該品種拿下稻米改良比賽的第一名，逐漸改變了台灣人吃米的品種，本來是細長鬆硬的秈米（在來米），變成肥短黏軟的粳米（蓬萊米）。

　　農委會制定良質米的標準，目前良質米推薦品種有：台粳2號、8號、9號、14號、16號、台農71號、高雄139號、高雄145號、花蓮21號、台東30號、台南11號、台中192號、台中秈10號共13個品種，其中台中秈10號為秈稻品種，高雄139號有地方適應性的問題，僅在東部地區列為推薦品

種，台農71號則是具有芋頭香味的香米品種。

22年前研發出消費者最愛台稉9號的許志聖博士，雜交印度香米巴斯瑪蒂Basmati與台稉9號，於2009年發表台中194號，突破了「Q米不香、香米不Q」的宿命。

造訪台中區農改場的那天，一進門便被請到米飯實驗室裡，展開台中194號PK秈17號的盲眼測試。其實這兩款差異好大，任誰都吃得出來，但冷透了的台中194號，不但表面未乾硬，咀嚼間還散出一股花香。

日據時代影響台灣種稻由秈改稉，而今市場上最貴的米以日本進口越光米莫屬，台灣也有部分地區種植，但十幾年前到宜蘭五結農會採訪越光米，得知農民每年都要花錢跟日本人買種子，再加上稻穀成熟時，彎腰倒一地，從此對越光米不再那麼感興趣。

既然台灣出好米，為什麼不學日本人走外銷路線？幾年前南僑實業推出可調節血糖的「膳纖熟飯」，強調微波加熱90秒即可，當時採訪會長陳飛龍時，意外得知此商品分國內外兩種規格，國外規則使用專案進口的印度長米，而非台灣自豪的蓬萊米，原來外國人普遍認識的米是細瘦的長米，長度可逼近2公分，吃起來完全沒黏性，長粒米占全球稻米貿易量的75%，而中粒米與香米僅占一成左右。

曾經去美國西雅圖採訪女主廚用北美野米做料理，也吃過好友從新加坡帶回來佐咖哩羊的印度長米飯，滋味我都愛，也知道長米的GI值低於短米，對大廚老公的身體比較好，但他偏偏只愛軟膨香糯的蓬萊米。

那日在台中品嘗了孝子農夫盧榮壹為糖尿病母親所種植的秈10號，覺得比在來米好吃，甚至有幾分接近蓬萊米的特質，便花了500元從台中扛回了兩斤，偷偷地把秈米藏在稉米中。大廚老公在沒有任何暗示下，把秈米煮成熟飯，才吃一口便大叫不黏不好吃，開封的秈米從此被打入冰箱冷宮，直至今日未曾再動過。台灣有好米，你知道卻不吃，台灣有吃了不易升糖的秈米，同樣你知道也不想吃，飲食習慣改變非一朝一夕，台灣好米的未來仍需努力。

←發酵3天，魚軟飯酸的關西押壽司。

→天下戰國居酒屋的鮭魚茶泡飯使用數萬元的日本銅釜電子鍋蒸飯。

←調味微酸，台灣米做成的北海水產小痛風海鮮丼。

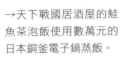

→星日本料理令人難忘的土鍋鰻魚飯。

←新加坡帶回來的印度咖哩飯，原來長米才是外國人認定的米。

↘日本也有最傳統，雙層鍋蓋煮飯的土鍋，浸米半小時，大火煮沸，熄火靜置20分鐘，自然燜成粒粒晶瑩，似要探頭的白飯。

↓日本人吃飯比台灣人認真，用台幣三萬元買的電子鍋煮飯，聞不到一絲香氣逸出，強調蒸氣回流，密閉炊煮。

別怕大口吃潤餅

爆發潤餅皮添加吊白塊事件之後，才知這種做法在業界不是秘密，但對愛吃潤餅的人卻很受傷，為什麼這種既傳統又單純的美食竟也蒙上食安陰影。

已逝美食家韓良露生前連續好幾年在清明節左右，於陽明山林語堂故居舉辦春日潤餅節，並帶動台灣潤餅文化的追本溯源。看別人吃潤餅在清明，我家吃潤餅卻在尾牙，即農曆12月16日那一天，而且呷尾牙不只有潤餅，一定還有刈包。問我娘，為什麼，我家吃潤餅的日子跟美食家不一樣？「因為以前開工廠，尾牙是過年前的最後一次大拜拜，吃潤餅加刈包，自己人吃也給工人吃，大家來年一起發大財。」

小時候呷尾牙好不熱鬧，空氣中有醬香彌漫的滷肉，準備搭配半圓形刈包，圓桌上陸續擺滿大大小小的盤子和鍋子，盛裝各式各樣五顏六色，細細切配慢慢炒製的生熟食材，阿嬤會把從市場上買回來，還帶著溫度的潤餅皮交給小孩子們，並教我們把堆疊黏合在一起的潤餅皮很小心很小心地，絕對不能扯破，一張一張慢慢撕開來，輕輕對折成1/2個圓，放在另外一個盤子裡，再下一張半圓與之前的對齊成一個圓，下一張的半圓換九十度角擺上，如此下來每一張潤餅皮都不會再黏住，而且一拿起來就能包材料了。

潤餅皮折好了，菜還沒到齊，所以要找乾淨的塑膠袋把餅皮包住封好，不能被風吹到，否則變硬的潤餅稍一施力，或包捲起就會破裂，漏餡流汁非常狼狽。

吃潤餅是大家一起來的事，充滿著團圓的歡樂、爭食的熱鬧、口味搭配的自由，十幾種配菜任你包由你捲，份量多少、口味輕重全是自己決

↑全家人一起吃潤餅，歡樂更勝美味。

↑潤餅皮裡的豆干，定要是這種拜拜專用，質地較軟的染色大豆干。

↑潤餅其實是減肥清腸的食物，肉少少，菜多多，澱粉一點點，調味輕簡。

↑潤餅皮買回家的第一件事是撕開，重新排列。

→將高麗菜與紅蘿蔔燉爛爛是廈門式的潤餅。

定。還未嫁人之前，媽媽會叮嚀我下班後早一點回家吃潤餅，嫁人之後，媽媽會打電話問我今天要不要回來吃潤餅。潤餅在某個季節，如此牽動全家人的心。

阿嬤是台北大橋頭人，製作潤餅配菜的手法很細膩，而且調味不用黑抹抹的醬油，多是一點點鹽巴而已，其中包括：先油炒後水燉，而且必須是燜爛的高麗菜絲加紅蘿蔔絲、炒得清脆但沒加韭菜，又按頭去尾的綠豆芽、用多一點的油長一點的時間慢慢煎炒的蛋酥或是攤薄細切的蛋皮絲、切成比筷子細的水煮五花肉或是薄切的賣麵炎仔紅糟肉、切絲加油清炒的豌豆筴、剁末炒香的菜脯，以及市場上買回來的虎苔（台語發音為虎蹄，亦有人翻成滸苔），少不了敲邊鼓的香菜末、蒜苗斜段、花生糖粉和甜辣醬。

跟高麗菜一樣重要的豆干一定是拜拜專用，整塊染成鮮黃色並蓋上紅印章的大豆干，一般豆干不行，太小又太硬，這種拜拜用豆干先橫劈三刀成薄片，再切出有厚度的細條，放入油鍋，慢煎上色，手勢輕盈，否則容易碎糊糊。

美食家韓良露生前花了很多功夫研究潤餅，除了追本溯源以外，還對比大陸與台灣、台灣南北的潤餅差異，我才知道原來我阿嬤做的高麗菜燉爛爛的那一種，是廈門式潤餅。

很多年前採訪台南金得春捲，對於裡面的皇帝豆和蝦仁，以及咬下去幾乎像生菜脆口的高麗菜粗絲很難接受，最無法理解的是花生糖粉有九成是糖，而且春捲捲好了還要煎一下的吃法。記得當時老闆的說法是：自己喜歡吃皇帝豆，所以加皇帝豆；春捲煎一下不易散開，吃起來也更香。顯然都是新創，與傳統無關。

這麼多年，南來北往也採訪過許多潤餅店，老實說沒有幾攤讓我有食欲，一些生意超好的潤餅名店，配料種類超級少，刀工調味超級粗，老闆的臉色也超級臭，在尋常日子吃潤餅變得超沒趣。

小時候看人做潤餅皮好像在耍特技，手中那團軟不溜丟的麵糊往鐵板上抹一圈，整張掀起來就是餅皮，抓在手中的麵糊好像活的一樣，左甩

右甩，上彈下彈，還會倒彈出來把餅皮上多餘的麵糊黏回去，好不神奇。十幾年前曾採訪東門市場的潤餅皮大王，幾年後再去找他，發現這家店有時開有時關，終於碰到開店的時候，買到的潤餅卻不是現做的。

潤餅大王告訴我，平常吃潤餅的人愈來愈少，有人訂他才做，這些是多做出來的。結果潤餅買回家拖到隔天晚上才吃，潤餅皮已經出現淡淡的酸味，而且彈性也不見了。當下不免嘟囔，責怪大王好差勁，怎麼賣不新鮮的皮給我！現在回想起來，不耐放的潤餅皮正是沒有添加的潤餅皮，大王不想隨波逐流，好的潤餅皮就從市場中消失了！

那天請食安權威文長安破解潤餅皮加吊白塊的原由，在節目結束前10秒，我直截了當問他，摻了吊白塊的潤餅皮到底能不能吃？他還沒回答，時間就到了，所以沒有聽眾聽到最後答案。

下了節目之後，我繼續追問：

「潤餅到底還能不能吃啦？」

「唉呀，妳最多吃幾捲？」

「最少2捲，最多4捲吧！」

「安心啦！最多才吃下8張皮，而且妳有天天大便嗎？有大便就會排毒，不用害怕。」

「……」

台語虎蹄是名為滸苔的一種水草，味似煎餅上的海苔。

阿嬤傳下來台北橋頭人的潤餅，有豌豆莢切絲這一味。

吃美食也要長知識

食安權威 **文長安**

- 吊白塊是日本人教的，大正年間使用至今，亞硫酸氫鈉加甲醛（即福馬林）就是吊白塊，具有氧化、漂白、除臭、增Q、防腐等等多功能，但甲醛是有毒物質，添加是違法的，完全不能使用。

- 看到耍特技的潤餅皮要離遠一點，麵糊拿起來就抹在煎台上的比較好，彈性沒那麼大比較安全，而且餅皮要黃黃的，最好不要白白的。

- 合法的氧化劑是碘酸鉀（就是碘酒的主要成分），加入食鹽中但最多只能加到35個ppm，加到一般食品中最多只可以195ppb，若要潤餅變Q就要上千個ppm才夠力，所以有人使用更強的氧化劑，就是甲醛，增強麵團的Q度，但缺點是味道讓人受不了，因此又要添加還原劑來緩和。

- 吊白塊很少業者在用，因為甲醛違法，所以改用苯甲醛，氧化力和漂白力都很強，「最棒的是」還有一點點杏仁味，所以聞到濃濃的杏仁香，不只是香料，也有可能是苯甲醛。（「最棒的」是文老師習慣的反諷語法）

- 因此吃杏仁豆腐也要小心，加了苯甲醛，也是白白QQ的。雖然苯甲醛合法，但加多了也不好。

有彈性又很白的潤餅皮，很容易被懷疑添加吊白塊。

清明節想買迪化街六利商店的潤餅皮，排隊等待兩小時以上。

包潤餅不能貪心，更要小心，否則皮開料綻變糊爛。

人氣吐司有問題？

超人氣吐司的邊緣根本沒烤熟，而且標示為全麥，其實是麥麩。

試著學習從斷面辨識麵包的好壞，好麵包氣孔大小不一，且分布均勻。

小時候吃的蘋果麵包，因為香精而誤導了麵包真正的氣味。

熱情朋友開心分送台東最夯網購吐司，她說排隊超過半年以上。

我也開開心心，收下這條搶手吐司，拿出一片，看了一眼，默默咬下，原本雀躍的心情突然停機，好像一盆水，澆熄了一把火。

打開電視，翻開雜誌，大多在吹捧素人美食，為了理想，博士開餐廳，美女做麵包，非專科沒專業，新聞做更大，因為廚師開餐廳是常態，哪能是新聞！

就是因為這樣，出現許多名不副實，光怪陸離的超人氣美食。而台灣消費者很可愛，也很盲目，跟在後頭猛追，加上又有名人推薦，不管此人是貓三狗四，只要他常上電視，說什麼都能讓人點頭稱是。

饑餓行銷扣住非吃不可，撓得人心癢癢，即使吃進嘴也不怎麼樣，那也不是重點，打卡拍照上傳才是最要緊的事兒，完全忘記打開五感，認真檢視食物的好壞。

昔日在《中國時報》規劃美食報導，最喜歡邀請餐飲專家進行盲眼測試，也玩過二次超商麵包超級比一比的專題，從聞、

看、吃三關來評斷優劣，也從中學習更多烘焙知識。

老實說，設下三關也有盲點，市售吐司大多封口聞不到，當然也不可能先買一片吃看看，所以懂得透過塑膠袋「看」麵包，變得更重要。為什麼有時候吃麵包會覺得胃不舒服，溢胃酸或感到消化不良，主要是發酵和烤焙出問題。

以這片來自台東的吐司為例，觀察它的斷面，在吐司下緣接近外皮處，明顯看到有一大塊出問題，沒有氣孔或氣孔被擠壓，顏色比中間白色部位略深，摸起來略硬少彈性，吃起來黏牙不蓬鬆，這代表吐司沒烤熟。

其實市售平價吐司，仔細看偶爾會沿著吐司邊出現不熟的一小條，但出現一大塊的還真少見，不是技術不行，就是毫無品管可言。

這麼老實剖析這條吐司，其實很對不起割愛讓我品嘗的朋友，但對網購美食愈來愈沒有信心的我，希望大家做生意都能長長久久，業者不能大頭自滿，消費者亦不能盲目。

↑舞麥窯的歐式麵包，我一個人可以吃掉一大個。

↖日本紅豆麵包的創始店木村家，明治8年發售至今，東京車站找得到。

←把麵包做成夾腳拖，不知咬下去的瞬間，心裡要想什麼？

 吃美食也要長知識

- 如果吐司還沒切片,你也不介意,就整條用力撕開,若是撕開紋理像手撕雞肉絲,恭喜你,這條吐司在專業麵包師傅眼裡是及格的。

- 吐司斷面的氣孔要分布均勻,仔細觀察仍有大大小小的氣孔,甚至小到看不見,那就是發酵出了問題。

- 不要認為牛奶吐司一定有牛奶香,天然食材經過高溫烘烤絕對會喪失原色原味,若還聞得到牛奶香,代表吐司裡有鬼,這鬼十之八九是香精。

- 聞起來有一種卡哇伊的味道,吃下去這味道會黏在上顎久久不去,如影隨形揮之不去的就是香精。

- 吐司斷面看得到一點一點細細的棕色麩皮,抱歉,這不是全麥吐司,全麥麵粉是整粒小麥磨成粉,不是白麵粉加廉價麥麩。

- 也別以為顏色較深的就是全麥吐司,也有不肖店家添加色素讓白吐司變棕吐司,辨識方法是訓練自己的鼻子去記憶全麥的風味。

- 芋頭絕對不是紫色,自己回家煮一鍋芋頭湯,看是紫色還是灰色。

(左)一輩子吃麵包吃麵條的你,看過小麥的模樣嗎?(中)馬家兄弟自種小麥,自行研磨並販售的十八麥全麥麵粉。(右)很專心研究天然發酵的前媒體同業張源銘,以舞麥窯打出名號。

台中羅芙藏阿胖

　　接到電話，好友正跳上高鐵，帶著傍晚出爐的台中「羅芙藏阿胖」，飛快朝我家前進。藏阿胖就是台語的青蔥麵包，年輕時就讀靜宜的C，經常算準下午4點半和6點半的出爐時間，跑到大英西二街和向上路附近的藏阿胖排隊，一排就要半小時。

　　第一次看到C滔滔不絕說到青蔥麵包，兩眼發亮，嘴角上揚那股饞樣兒，我覺得很好笑，青蔥麵包哪有這麼神？但今日見到本尊，而且在出爐4小時內就塞進我嘴裡，終於了解C說到嘴角起泡是正常反應。

　　來不及細看台中藏阿胖小塑膠袋上密密麻麻的介紹文字，先撕開一小塊青蔥麵包，就看見雞絲狀，這是好吐司才會出現的狀態，還沒入口便知柔軟。果不其然，麵體白皙又柔軟，濕潤微黏牙，甜不是加了糖的明顯甜，而是咀嚼後的漸層甜。麵包底沒有油膩的酥底，更沒有怪異的甜味。

　　而覆滿表面的青蔥綠的綠，白的白，沒有烤焦或烤乾，所以青蔥獨特的花香味非常強烈，沒想到一個如此普遍又台味十足的青蔥麵包，出現令人震撼的新食感！

　　回頭再來看包裝紙上密密麻麻的說明，說明製作者的用心，包括使用進口高級奶油，不用麵團改良劑和反式脂肪，並使用魯邦種天然酵母，使得麵包不易老化又柔軟等等。

　　C說，藏阿胖的青蔥麵包價格隨青蔥行情浮動，她買過一個30元，也買過一個25元，如果所言為真，要為藏阿胖再加一個讚！

台中藏阿胖證明台式麵包的麵體也很重要。

一個人輕鬆吃麵食

侯媽媽李嘉茜來中廣流行網「王瑞瑤的超級美食家」，分享一個人吃麵食的技巧，沒想到江浙人做麵食不輸北方人，燙麵團做懶籠，冷麵團揪麵疙瘩，全是她一人吃飯經常動手做的麵食，也讓我想起父親在世時，娘家的冰箱經常冷藏兩塊麵團，燙麵團揉餅，冷麵團製麵，家裡不買冷凍加工麵食，或是添加化製粉的麵條，想吃麵自己來，其實一點兒也不麻煩。

認識侯媽媽是她在亞都飯店天香樓工作的時候，她是演員金滔的妻子，也是民代兼演員侯冠群的母親，所以大家都叫她侯媽媽。出身上海名門的她，年輕時曾在香港邵氏拍電影，得過香港烹飪比賽冠軍，當過香港禮貌大使，並用私房牛肉麵與成龍、鄧光榮、沈殿霞、鄭少秋等香港大明星結緣。返台後在亞都天香樓擔任公關經理招呼客人，經營過三家上海餐館，並在李安導演《色·戒》電影指導吃食。

侯媽媽李嘉茜傳授一個人吃麵食的方法。因為自己做吃，身形保持苗條。

侯媽媽分享一個人的吃，獲得聽眾很大的迴響，現代社會多是一個人吃飯很少自己下廚，但聽了她的日常經驗談，很多人都準備洗手為自己做羹湯。

懶籠做起來好簡單，沒有難的技法。

燙麵擀平，包進南瓜絲，包捲起來。

燙麵團：

中筋麵粉裝進鋼盆中，搖晃鍋子使麵粉平整，取沸水少量且均勻澆淋中筋麵粉，讓表層燙熟變色，用筷子攪拌成坨，再次淋水燙麵，確認水量是否適當。等燙麵稍冷，捏麵成團不必揉，放入塑膠袋中醒15分鐘，麵團裡原有的小疙瘩自然融合，再用力壓揉成表面光滑而不黏手的燙麵團。（水量小心斟酌，太少加水，太多加粉）

懶籠：

北方人有一道麵食叫「懶籠」，因為做法很簡單，又很好吃，所以是標準的懶人食物。

侯媽媽最愛吃南瓜餡兒的懶籠，蒸出來非常香。土南瓜去皮去籽切絲，混入自製青蔥油、青蔥末、鹽巴，將燙麵團壓扁擀平成長方大張，把南瓜餡平鋪其中，捲起來成厚厚一條，盤進蒸籠或大同電鍋蒸熟，切塊即食。蒸籠底水或電鍋外鍋水要先煮沸，才能放入懶籠，由於燙麵是熟的，將南瓜蒸綿蒸化需時約20分鐘左右。

懶籠有專用沾醬，紅辣椒、香菜、大蒜等切末，調入醬油、砂糖與少許冷開水，增加風味。

（其實，這個做法很像我爸爸的山東豆腐捲，只是捲在裡面的是捏碎去水的豆腐、蝦皮、青蔥、麻油、鹽巴與味精，一樣用燙麵皮捲起來，盤進蒸籠裡，因為全是熟料，所以一下子就蒸熟了，燙麵軟蓬蓬，裡面還有餡，冷熱皆好吃。）

油爆青蔥,再煨南瓜,肉綿籽香。

利用蔥燒南瓜變化出來的麵疙瘩。

切塊的南瓜懶籠,內餡軟甜,沾醬更佳。

順便教做蔥燒南瓜:

蔥燒南瓜是早期上海浦東的土菜,當地農夫把南瓜稱樊瓜,茄子叫落蔬,並認為這兩種瓜果沒營養也沒價值。侯媽媽很愛吃南瓜,燒法類似蔥燒芋艿,熱鍋加油先耐心爆蔥花,蔥花軟了出味不可燒焦,再放入帶皮帶籽切塊的栗子南瓜,加水翻炒,加蓋燒軟,放鹽調味即可。

撥魚麵的麵疙瘩:

南方人叫麵疙瘩,北方人叫撥魚麵,利用吃剩的蔥燒南瓜製作麵糊並燒製湯料,可說是一舉數得,由於撥麵魚比揪麵片更柔軟,很適合牙口不好的老人家吃,做法也簡單。

用筷子把少量沒有籽的蔥燒南瓜夾碎,加入清水少許、雞蛋一粒,先打散,再倒下中筋麵粉,用筷子畫圓攪成為糊狀。麵糊別打太稀太水,呈緩慢流動狀,放著醒一下。然後燒滾一鍋水,用做蛋糕的長刮刀將接

近碗緣、似要流出的稀糊刮下小塊，溜進熱水變成疙瘩，大火煮熟撈出。另一鍋再放蔥燴南瓜，加水煮沸調味，放入麵疙瘩，一沸即起。

冷麵團：

熱水做餅，冷水做麵，以燙麵團同樣方法做冷麵團，但建議用手指取代筷子，更能了解麵粉與清水的適當比例，並在麵粉中加一小撮鹽巴增加硬度。

手工抻麵：

冷麵團擀成長方薄片，兩面拍上大量的麵粉，像折扇一樣前後來回折疊成長方條，用菜刀切成間隔相同的粗條，拉住上端麵頭，拆開成條，一抖一扯，就是抻麵，一根根拉好，入沸水煮熟即可搭配炸醬麵或牛肉麵。

馬鈴薯炸醬：

由於侯冠群有獨特的飲食習慣，不吃有臉和有頭的食材，侯媽媽特別為兒子設計以馬鈴薯為主原料的炸醬麵。馬鈴薯切小丁先泡水洗去澱粉，熱鍋燒熱事先做好的青蔥油，放入馬鈴薯與各半的甜麵醬和豆瓣醬，煸香之後再加些水，不用加蓋燒至稠。侯媽媽還發現，台製麵醬添加太多調味料，不妨試試韓國麵醬再來調整自己喜歡的味道。

用刮刀做撥魚麵，手不髒，鍋也亮。

為愛子侯冠群烹煮的馬鈴薯炸醬麵。

牛肉麵：

侯媽媽年輕時曾到邵氏拍電影，曾多次端出牛肉麵請大明星一起吃，其中包括：鄧光榮、沈殿霞、鄭少秋、張沖等人，當時擔任侯媽媽替身的成龍也很愛吃。

牛筋牛腩整塊入水煮半小時，撈出來洗淨再切塊，這樣就不會縮水。侯媽媽煮牛肉麵用柱侯醬替代豆瓣醬，因為在香港柱侯醬很普遍，而且柱侯醬就混合了豆瓣醬，甜麵醬和芝麻醬，本身就有很多滋味。

起油鍋爆炒大蒜、洋蔥、柱侯醬、番茄塊、牛肉塊，加水淹過燜軟，調味除了鹽巴與醬油，還要加一點五香粉，因為五香粉也是綜合香料，牛肉麵才有味道。

揪麵片的麵疙瘩：

侯媽媽表示，北方人所說的撥魚麵、揪麵片、貓耳朵等不同形狀的麵食，對南方人來說都是麵疙瘩。

先燒滾一鍋水，冷麵團捏成茄子狀的長條，用大拇指與虎口處拉拽成小塊，投入沸水煮熟，即是揪麵片的麵疙瘩，口感比麵糊式撥魚麵的麵疙瘩更有勁道。

包括撥魚麵、揪麵片等都能一次大量製作，煮熟放冷再分包冷凍，方便下次快速食用，為避免麵疙瘩相互沾黏，可在熱水中加些油再煮。

北方人稱揪麵片，南方人還是叫麵疙瘩。

自製青蔥油，料理真好用。

西洋菜麵疙瘩：

　　所有蔬菜之中，只有全年皆生產的西洋菜適合做為家用冷凍蔬菜。西洋菜摘除老莖，一切二或三，放入沸水汆一下，撈出、擠水、分包、冷凍，想吃取一包，與魚丸做成西洋菜麵疙瘩，既快速又營養。

　　值得一提的是，年逾70的侯媽媽，一直維持良好體態，年輕時擁有十八吋小蠻腰，如今穿上旗袍仍婀娜多姿，原來她經常用老鹹菜燜筍與炒米煮泡飯來拯救身材、消滅油脂。

　　老鹹菜不是酸菜心，是顏色黃黃，模樣像一條條拖把頭的醃菜。去除粗老外梗，洗淨莖頭泥沙，切成小丁，加水與去殼切塊的綠竹筍煮30分鐘，即可食用。每次煮一大鍋，靜置至冷，連水移至冷藏保存。

　　不過老鹹菜和綠竹筍都非常刮油，忌空腹食用，當冷菜吃，每頓一小碗，酸湯亦可。

　　在來米或香米等長米，不必洗，直接用乾鍋開小火不斷翻炒到表面呈淡黃色，盛起晾涼，裝罐封存。小心火不能太大，否則米粒有黑色焦點，煮粥便有糊味。若錯過吃飯時間，或胃糟糟，消化不良時，就把炒米放進冷水中，加蓋煮沸10分鐘，米開花成泡飯，再搭配少許醬菜，顧胃易消化也去脹氣。

侯媽媽用乾鍋焙炒在來米，適合當宵夜。　素素的炒米煮泡米香十足。

悲從中來吃蛋餅

　　退休後移居台中的好友，最近頻頻抱怨台中沒有好吃的食物，想吃一套熱騰騰的燒餅夾油條，經過多次碰壁終於死心，不惜一大早跳上高鐵回台北吃早餐。

　　無巧不巧，知名作家劉克襄發表「台中早餐文化很貧弱」的評論，瞬間引爆台中人的怒火，並掀起正反兩方的交火，連台中市長林佳龍也迅速在臉書上PO出台中早餐地圖，表示「要用美味來化解誤會」。

　　究竟是美味還是誤會？好友M退休前是某大報的資深美食記者，18年來最主要的工作只有吃，她也是全台灣首位專業的美食記者，剛搬去台中時，天天都很興奮，四處尋訪美食，沒想到短短幾年似乎已然敗興，甚至打算再搬回台北。她告訴我，某天早上專程跑去排隊品嘗網路上無數人推薦的超人氣蛋餅，當她咬下第一口竟然悲從中來，「蛋餅是QQ半透明的，蛋也不是現打雞蛋而是加工蛋粉。」

　　聽到「悲從中來」四個字，我忍不住哈哈大笑，幾天後剛好邀請「尋味台中」作者岳家青聊台中美食，並在節目中開放CALL IN，有熱心聽友分享坊間流傳的蛋餅皮配方，竟是麵粉2加太白粉1，看到聽友的留言，不管現場仍在直播，忍不住對太白粉有意見。一輩子跟山東老爸吃麵粉長大的我，知道中筋麵粉加蛋加水加鹽打成稀糊，再舀一杓倒入加熱塗油的平底鍋裡轉一轉，美味餅皮自然而然就做成了，加太白粉算是哪門子亂七八糟的配方？而且比例如此之高，到底在吃蛋餅還是Q餅？

　　記得去年父親過世後，抽空返家陪伴母親，與照顧兩老的印傭Tini聊天，才知道父親生前有一段時間很愛吃芝麻煎餅，可是這種餅以前我沒聽過更沒吃過，原來父親的胃口和牙口已隨歲月而改變，做女兒的我卻

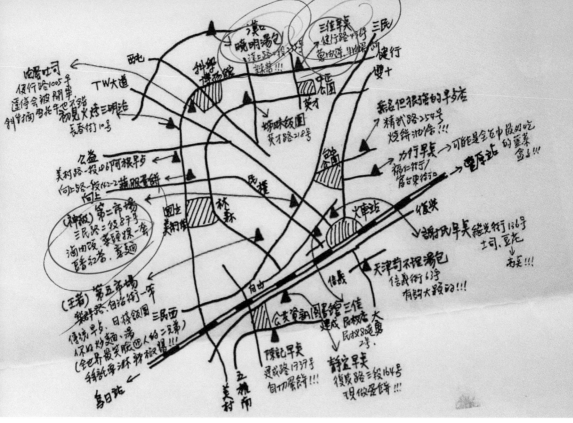

台中市長林佳龍在臉書上公布的台中早餐，只有三家與《尋味台中》作者岳家青相同。
（摘自台中市長林佳龍臉書）

渾然不知。

　　Tini終日陪伴我爸媽左右，照顧雙親平日的吃喝拉撒，或是危急時緊急送醫，她比做兒女的還盡力，「阿公跟我說，這餅他只教我做。」心裡酸酸的，眼睛濕濕的，想學父親愛吃、我卻不知道的芝麻煎餅，因為從小見我父親用厚底鐵鍋烙各種麵餅，沒有一次使用芝麻。

　　思緒回到小時候，站在廚房裡看父親做煎餅，簡單到看一次就學會，取一個大鋼盆，倒入中筋麵粉，加蛋加水加鹽，用筷子在裡面轉圈圈，攪成可流動的稠麵糊，一開始試做時，麵糊過稀過稠都不打緊，煎過一次就知道狀況，打好麵糊再放進紅蘿蔔絲或是胡瓜絲，拌勻後，蔬菜麵糊完成。

　　接下來用力抱出倚靠在牆腳邊，無耳厚底土不拉嘰的黑鐵煎鍋，開大

火燒熱鍋再下油，油不能太少，旋轉鍋子均勻吃油，將火轉小。然後在中心處傾入麵糊，用筷子將蔬菜料攤平觸鍋，麵糊不能倒太少，否則餅薄不好吃。聞到油煎麵粉香，看到餅緣漸漸變色，翻看底部，確認上色，即可小心翻面，整張煎或鏟成小片煎，直到雙面焦黃香酥為止。

小時候愛站在廚房，見父親煎好一塊餅，便趁機偷撕偷吃，常常等不及吹涼立刻塞進嘴裡，邊吐氣邊咀嚼，因為剛離鍋的煎餅表面還很酥，若堆疊起來拿上餐桌很快軟趴趴。

父親吃煎餅一定要搭配老虎醬，把很多大蒜搗碎，加少許鹽巴和味精，沖些許熱水出味，如蒜泥水般的老虎醬，遇到熱呼呼的煎餅更是如虎添翼，辛辣恣意衝上鼻眼，讓淡淡的菜根香，濃濃的麵粉味，全都威猛了起來。

「麵粉不要多，只要做一張，加一點點鹽巴、味精、白胡椒粉、細糖和沙拉油，然後加水攪開，水也不能多，要把麵粉的顆粒打散。」Tini示範父親教做的芝麻煎餅，拿出一個在我家超過40年的大同牌小麵碗打麵糊，還拿出一個迷你打蛋器敲啊敲的，我愈來愈不相信這是我粗獷老爸教的煎餅。

「不是啦！阿公第一次教我是捧一個大鋼盆，用力一打，麵粉麵糊飛得到處都是哩！」外傭比手畫腳重現當時，我會心一笑：「嗯，沒錯，

吃煎餅習慣沾老虎醬，蒜泥加鹽巴沖熱水，辛嗆到哇哇叫。

(左)大半輩子跟著父親學做菜，出嫁後竟不知他晚年最愛吃又甜又鹹又軟又薄又香的煎餅。
(右)父親生前教導外傭做的芝麻餅，有大量蔥花與芝麻，調味有鹽也有糖。

這才是我老爸下廚的風格，髒兮兮又一團亂，東西好吃卻累死收拾廚房的人。」

稀麵糊打勻後加一粒雞蛋，倒入白芝麻，放進蔥花，再次攪勻後就在燒熱的平底油鍋裡下油，倒下麵糊，攤成圓餅，翻面煎熟盛起，發現一面光滑無料，另一面擠滿蔥花和芝麻，吃起來熱熱軟軟香香，是非常溫柔的北方麵食。

我說好吃，吃了一塊又一塊。Tini說，其實罹患糖尿病多年的爸爸，會在麵糊裡加很多很多的糖，把芝麻蔥花餅做成甜的，但又有一點點鹹。

做餅很難嗎？然而爸爸教外傭做的芝麻煎餅，沒有留下精準比例，相信很多人看了也不懂，因為太多人不知道麵粉加水之後會產生何種變化，所以對於外賣販售的麵粉類食品也難辨好壞。

對我來說，吃餅揉麵，天經地義，可我也知，揉麵團對大部分人來說，實在太難了！就連我父親最後也愛上這種做起來方便，吃起來柔軟的煎餅。

有學生曾在保師傅粉絲團裡，詢問用湯杓挖麵糊再香煎的古早味蛋餅做法，沒想到老公的回覆，竟跟我父親的芝麻煎餅非常接近。

保師傅教做的古早味蛋餅配方：

一、中筋麵粉9加太白粉1混合，保師傅說，放少許太白粉可增加Q度，皮也不易破，全麵粉亦可。

二、麵粉加點鹽，調些水，用打蛋器打到麵糊的濃度，若要皮更香更軟，可先加蛋再加水，另外加糖少許，沙拉油一點點，拌均勻後，放5分鐘再下鍋煎。

三、煎鍋絕對要燒熱，用稍多的油來潤鍋，再把餘油倒出來。鍋再加熱，倒一杓麵糊，搖鍋繞圈將麵糊攤圓，小火煎定型，翻面再煎熟。

四、餅皮可與煎蛋合而為一成蛋餅，或包入各種生菜、肉鬆、火腿等配料。

五、麵糊內可加蔥花或韭菜末，以及蝦米末、冬菜末、豬肉末或牛肉末等，變成獨創的開陽蔥肉煎餅，調味除了鹽巴以外，可佐醬油、白胡椒粉與米酒。

六、吃素者可加高麗菜、茄子、紅蘿蔔或各種蔬菜絲，同法煎成蔬菜餅。

麵糊入鍋，以鏟攤平，受熱均勻。

麵糊式的免揉蛋餅要煎老些，口感才不會太軟。

純蔬菜煎餅的口味也
不錯，蕈菇、洋蔥皆
可增鮮。

與調味料混合的蔬菜會出
水，所以麵糊要打
稠一點。

煎餅漂亮的黃色來自
咖哩粉，但也可酌量
添加薑黃或辣椒粉。

打麵糊時記得加點兒油，餅
皮易酥。

旋轉鍋子讓麵糊遊走鍋子，
自然成圓，限於沒料的蛋餅
皮適用。

一口氣把所有蛋餅皮攤起
來，想吃蛋餅只要煎蛋覆
上即可。

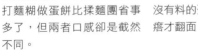

打麵糊做蛋餅比揉麵團省事
多了，但兩者口感卻是截然
不同。

沒有料的蛋餅皮，要煎到起疙
瘩才翻面

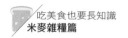

不會長蟲乾麵條

　　新聞報導有不肖業者販賣過期長蟲的義大利乾麵條給不知情的餐廳使用，檢調單位擴大偵查，發現連五星級飯店也無妄中鏢。

　　在我來看，麵條長蟲或發霉應該要高興才對，表示這麵條的原料沒有殘留農藥或根本沒用，這麵條的製成沒有添加防腐劑，或具有防腐功能的添加物或化製澱粉。麵條長蟲或發霉完全是人為保存不當，原因如此單純，反而成為安心品牌的指標。

　　小時候經常在麵粉裡看到黑黑一點一點的小蟲，像會動的黑芝麻粒，很噁心，但爸爸看到麵粉生蟲，不是整包丟掉，而是確認繁殖狀況，若不太嚴重，拿篩網抖一抖，把蟲啊，卵啊，塊狀物全都篩出來，麵粉留著繼續用。以前不知道麵粉要冷藏才不會長蟲，現在把麵粉冰起來似乎沒有意義，因為根本不會長蟲，或是已經真空包裝。

　　天氣愈來愈熱，家裡不知從哪裡飛出小蟲，其中最常見的是橢圓身形，台語發音為「咕啊」（咕接近二聲）的蟲子，每年都有幾隻不足為奇，但十幾年前某個夏天，出現的數量實在太驚人，連書房、臥房都見其蹤，於是開始翻箱倒櫃，尋找蟲源，發現原來是我宅配了一大箱南投水里電廠二坪麵，因為留下一大包沒吃完，過期很久所導致的蟲害。

　　二坪麵是我在採訪南投鹿谷農會時無意發現的，一束束細麵用粉紅色的紙包起來，紙上還蓋有藍色印章，標明製麵廠的名字、地址和電話。我生長在山東家庭，父親很喜歡吃麵條，不光是自製的家常麵，還有這種細麵條，冷天一大早起床，來一碗熱呼呼的清湯麵，麵條煮軟軟，只加醬油、麻油與蔥花，既簡單又美味，父親總是唏哩呼嚕不到三分鐘就吃光。

　　那一年被我遺忘的二坪麵，讓我記起了麵粉會長蟲的往事，很多小蟲

多年經驗證實，廚櫃裡會長蟲的麵條，十之八九是百分百杜蘭麥製造的義大利麵。

天氣一熱，台語發音為咕啊的小蟲，便從乾貨櫃中冒出來。

把麵條蛀斷，甚至變成粉末，連包裹麵條的粉紅色紙也沒放過，蛀成了碎片，實在非常噁心，從此我再沒買過二坪麵。最近這幾年，家裡存糧依舊很多，我先生曾秀保保師傅常常自誇不必出門，待在家一個月都不會餓死，其中不乏白麵條與泡麵等乾糧，放到過期也不稀奇，小蟲還是飛來飛去，但那不是台灣生產的白麵條，而是外國進口的義大利麵。

本來以為進口麵條的品質會比較高，所以當咕啊又冒出來時，想都不想，直接檢查白麵條，結果撲了個空，我不死心再做了一次地毯式搜索，才發現蟲子居然在全麥義大利麵裡繁殖，那麵條已是千瘡百孔，蟲卵藏在其中粒粒可見，我雞皮疙瘩也全爬上來了。過了幾年，又受蟲擾，同法搜尋，蟲窩仍是義大利麵，所以現在只要看到咕啊出現，就知道該清理義大利麵了。

除了麵條會長蟲，乾貨也會，十幾年前迷上港式例湯，嘗過白菜干的滋味便非常喜歡，有機會到香港買一大包帶回來自己煲湯。這種白菜干來自廣東，將小白菜曬乾了當作煲湯材料，具有清熱潤肺、化痰止咳、排毒利水等的功效，是當地的飲食傳統，所以白菜干在台灣沒有也找不到。白菜干煲湯先浸水恢復柔軟，再剪成小段，用來煲豬腱心等瘦肉最顯清甜，除了丟兩粒蜜棗，我還喜歡多撒一把南北杏，先用大火沸之，轉文火慢煲，一煮兩小時以上，光喝湯不吃料，一碗公埋頭猛喝感覺真爽！

白菜干好會長蟲，有些香菇也會，去年發現辣椒乾也長蟲，而且長得很厲害，顯然咕啊不怕辣，一點也不怕。

義大利乾麵條會長蟲不必大驚小怪，來自義大利的義大利麵很單純，原料只有杜蘭小麥和水，頂多加了雞蛋，所以煮熟的麵條沒有太大的Q勁，甚至吃愈久愈鬆弛，這都是麵粉糊化後的自然老化現象（其實只用

麵粉加水做的水餃皮也會），而愈貴的義大利麵表面愈粗糙，刻意使用特製模具擠壓麵團形成凹凸紋路，目的是讓醬汁更容易沾附。

義大利人用「彈牙」（al dente）來形容義大利麵最好吃的狀態，但彈牙不是額外添加的化製澱粉，有一部分來自一定程度沒煮熟的麵條硬心，咀嚼感受扎實的口感。我先生體重破百，白麵條他很少碰，義大利麵卻沒忌諱，因為升糖指數很低，吃起來很放心。

很多東西回不去了，曾幾何時粉絲不再是純綠豆粉製成，父親生前經常食用純綠豆粉絲，深知食用後的血糖值不會飆高，多年前烹飪老師程安琪向我推薦台中老字號中農粉絲，我如實報導出來，沒想到接到讀者來函指正，中農粉絲除了綠豆粉還添加馬鈴薯粉，並仔細分析綠豆成本，破解市售粉絲早就不用綠豆粉做原料的事實。

但是中農確有一款純綠豆粉製成的寶鼎粉絲，多年前在南門市場阿萬蔬菜攤買到，價格比市售粉絲至少高五倍以上，綠豆粉添加馬鈴薯粉已非新聞，但大部分平價粉絲根本沒有綠豆粉的成分，除了馬鈴薯粉以外，另有木薯粉、樹薯粉、玉米粉等，不過也沒關係，年輕一輩大多不知道粉絲該有的原料，用粉做的絲，全是化製澱粉亦不違法。

很多口感也回不去了，包括我很愛的維力炸醬麵，最近幾年發現維力要煮久一點才會變軟，不像以前大火煮一下便軟了鬆了，拌上炸醬特別吸味，其實我並不喜歡Q的泡麵，以前的泡麵都不Q，但手打麵出現了，康師傅回來了，韓國泡麵也多了，很Q又泡不爛的泡麵變成主流，也影響到原本不Q的泡麵，麵條成分除了麵粉以外，還有馬鈴薯粉、木薯粉、樹薯粉等，這些澱粉創造了泡麵的新食感，但心裡卻不斷響起「我的青春小鳥一去不回來」的感慨。

當維力炸醬麵久煮不爛時，內心
竟有青春小鳥不回頭的感慨。

↑極少數的品牌還有純綠豆粉製作的粉絲，價格與口感都讓你很有感覺。

↑看成分猜一猜，澱粉條是啥？原來越南河粉的主要成分不是米啊！

↑中農粉絲廠出品的綠豆粉皮。

↓相信金門麵線因為日曬而久煮不爛。

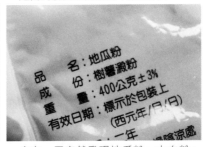

↑有一天突然發現地瓜粉、太白粉、樹薯粉、木薯粉等全是同一種原料製成，你會不會覺得這世界瘋了。

→迎合自製麵包機的小包裝高筋麵粉，不單純的成分，也是為了創造你烤麵包的成就感。

↑曾幾何時在來米的觸感像太白粉一樣滑滑的？添加其他澱粉的目的，是讓你做糕粿不失敗。

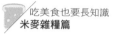
小米這樣過一生

　　跟著山東爸爸吃小米粥長大，並多次採訪原住民部落，今天終於弄懂小米是怎麼一回事。

　　來到海端的「蓋亞那工坊」，一進門看到有人在搗小米糊，鍋子很大，柴火很旺，搗米的人拿著長木鏟，時而畫圈攪打，時而點剁翻拌，小米糊很黏，黏在鍋邊，形成透明米紙，黏在木鏟，有如起司拉絲，但是搗米之人不疾不徐，因為把小米加水炒糊炒熟，整個過程長達2個小時之久，總共要結鍋巴5次，刮起來回鍋再拌，才算大功告成。

　　坐在蓋亞那工坊，吃著剛炒好、熱呼呼的小米糊，搭配滿桌的布農族料理，小米糊包在香蕉葉裡，黏性介於麻糬與濃粥之間，嚼起來好甜。對布農族而言，小米非常重要，一般人只知道小米可釀酒、當主食，但小米酒糟更珍貴，是天然的調味聖品，可做泡菜、醃肉和滷肉，不光是山豬肉，連山羊肉也很合味，所以原住民只賣小米酒，不賣小米酒釀。

　　連吃了好幾塊仍不想停手的紅燒山羊肉，顏色黑抹抹不起眼，雖然

小米曬乾後，要變成
小米糊，還有很長一
段路要走。

太空人吃紅藜，而讓此物爆紅。　小米脫粒使用雙腳互搓踩踏，或讓汽車直接輾過。

嚼起來下顎有點費力，但愈嚼風味愈多，聽主人胡天國娓娓道來，才知道山羊肉的前置工作有多繁複。大塊山羊先燒皮刮毛，浸鹽水2小時，燃柴火燻一夜，然後冷藏才算完成。紅燒前得先爆炒老薑，再乾煸山羊肉，最後加小米酒糟調味，所以咀嚼羊肉有炊煙感，有自然甘甜，得來全不易。

　　觀光客絡繹不絕造訪蓋亞那工坊，胡天國推廣小米文化不遺餘力，即使喉嚨說到燒聲，仍不厭其煩介紹小米的一生。黃澄澄的小米是經過收、綁、晾、搓、搗、抖等過程而來，現場由他與老婆兩人穿插示範表演。拿下乾燥好的一束束小米，先由老婆光著腳踩住，互搓腳底腳背，讓小米一一脫粒，收集小米粒倒入木臼，力氣大的老公持沉重木杵垂直下搗使其脫殼，再倒進竹簸箕裡，背著風抖動小米，藉著風之力順利吹走米糠，最後洗淨小米，放進柴燒大鍋，加入清水以長木鏟持續攪打拉拌，讓小米熟化產生黏性，最後一次留下鍋邊厚厚一層鍋巴，吃了一輪小米糊，分到一塊乾鍋巴，這種鈍鈍的大地之氣令人難忘。

　　蓋亞那工坊用一束束的小米做裝飾，這也是最好的現成教材，胡天國表示，原住民種小米很粗獷，小米隨手撒，任風揚，不像平地人種稻那般規矩，所以收成時，採取類似圓規畫圓，從田中心到田邊緣，兩點之間站一排，形成一條線，以線為準，從外圍開始採收，攏成一大束，傳回最中央，再用線綁實，如同畫圓一圈的方式，用智慧、省人力完成小

(左上)想讓小米變成主食，搗炒時間長達兩小時。

(右上)花蓮吉安市場中有許多剛搗好還有溫度的都侖，小米纖維粗，紫米偏甜，紅米味苦。

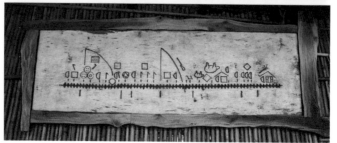

(下)蓋亞那工坊的布農族人胡天國，日常作息都按照牆上圈圈叉叉的工作年曆。

米採收工作。

　　胡天國傳承小米文化，也順便介紹當前最夯的紅藜，紅藜是小米的麻吉，原住民種紅藜是為了幫助小米順利發酵成酒，或是同樣取少量與小米混合煮熟，用玉米外葉包裹成獵人飯包。所以種植小米時，順便混入少量紅藜，一起撒入田裡，當小米結實，滿地金黃，長得較高、顏色較深的紅藜猶如鶴立雞群。胡天國表示，雖然紅藜有黃紅黑等各種顏色，但脫了殼之後，好吃的一定是咖啡色，成為太空人食物而翻紅的紅藜，每斤售價維持800元不墜。

　　蓋亞那工作坊的牆上掛著一張布農族的達文西密碼，畫在獸皮上，以簡易圖形組成的年曆，介紹了布農族一年八階段的生活作息，包括：開墾、播種、釀酒、疏田、狩獵、打耳祭、收割、進倉等圖像，半月形是鍋子，倒勾是鋤頭倒過來的豬為打耳祭，銅錢形為釀酒，有麻點的方塊意謂撒小米種植，相同圖像單獨一個和連續幾個代表意思皆不同，看圖說故事，十分有趣。

🍴 食譜大公開

山東父親的小米粥

　　小米粥由三種主要原料組成，小米、碎玉米和糯米。

　　父親總是拿三個碗公，小米和碎玉米抓一樣多，六七分滿，糯米少一點，小抓一把，分別在水龍頭下清洗多次直至水清，再加水浸泡片刻。其中碎玉米最難洗，由於質地很輕，容易漂浮，偏偏看起來黃澄澄的玉米碎，經水一沖，常常浮

煮小米粥並不難，但愈來愈少人賣。

出點點黑膜，因為太細，沒有辦法用手捏起來，只好碗公打斜，頂著水柱，不停轉碗，讓小黑點得以浮起流走，如果眼不明，手不快，漂走不是那幾片小黑點，而是一堆碎玉米。

　　鍋中煮水，撈出小米和糯米先下鍋，煮到快開花，才放碎玉米，略沸，加蓋，熄火，燜著就可以。

　　父親煮小米粥，喜歡加一點點鹼粉，小米纖維粗糙不易煮軟，鹼粉令其滑順無渣，而且小米粥的金黃色澤由淡轉深，香氣混合著淡淡的鹼粽味，整鍋也更加濃稠了。

　　如果你也喜歡吃小米粥，可以觀察市售小米粥的材料比例，大多是廉價的碎玉米，小米的比例很低。幾年前帶父親去一家知名的連鎖餡餅店吃飯，發現它的小米粥全是碎玉米，之後便不再光顧。

　　小米飯的升糖指數（GI值）為71，糯米飯為70，都屬中升糖指數，至於白米飯則是83的高升糖指數，煮飯加一點小米，其實還不錯。

牛肉
海鮮 篇

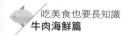
挑魚三招全破功

　　魚要怎麼挑？從阿嬤那時就教你，看魚眼亮晶晶，翻魚鰓紅通通，掐魚肚硬邦邦，這條魚肯定很新鮮，如今這三招錯錯錯連三錯，而且大錯特錯！如果你現在還這樣挑魚，肯定吃到不少藥水魚，在食品添加物發達的今天，魚眼亮、魚鰓紅、魚肚硬不再是新鮮的標準，因為泡過藥水的魚一樣眼亮、鰓紅、肚子硬。

　　第一次買魚踩地雷，是在住家附近的菜市場，那是流動攤販所賣，一盤100塊錢的海鮮，當時貪便宜，買了透抽和象魚，結果透抽汆燙冒藥味，象魚煎熟有怪味，嚇人的是咬下去會彈牙，更可怕的是顏色，漾出一種殭屍狀的灰白。

　　幾年前將這段經驗寫在中國時報「想吃的美寶」專欄裡，並下了「請均衡攝取毒素」的標題，文中說到海鮮的保鮮添加：「沒有固定攤位的海鮮千萬不要購買，尤其是路邊一盤一百元的那種，雖然肉質很Q很緊，但吃起來沒有魚鮮味或魚腥味，這就是泡過藥水的福馬林海鮮。

　　買魚不要怕弄髒手，要摸、要壓、要聞，要掀開看魚鰓的顏色，尤其是按壓下去，魚肉不凹陷，或是很快回彈，就是新鮮的反應；魚肉最快腐敗的地方是內臟，所以不新鮮的魚，肚子最快變軟變爛，用摸的就知道。

　　絕對不要買現成的蝦仁，尤其是冷凍蝦仁，想吃蝦仁，一定要從剝殼做起，因為冷凍蝦仁與平價的冷凍干貝一樣，都泡過藥水發脹、還滾過冰水加重，是標準的黑心食品。」

　　可怕的是，如今重新檢視一次，很多描述已經不對了。

　　「是啊，海鮮的確有加福馬林，而且還不只這一種，福馬林一下去，

↑到漁港吃魚之前,先弄清楚這裡的漁船是如何釣魚的。

↗大溪漁港以拖網為主,除了魚以外,亂七八糟也跟著上來。

→明明到了大溪漁港,賣染色假櫻花蝦的攤位還真不少。

所有的魚都亮晶晶和硬邦邦,沒錯!福馬林就是泡屍體用的那種藥。」魚達人李嘉亮的回答看似一派輕鬆,其實喜歡釣魚也喜歡吃魚,更喜歡寫書分享經驗的他,前陣子竟然吃魚也開始過敏,這是他這輩子第一次過敏。說也奇怪,對魚瞭若指掌的他,為什麼也踩到地雷?「因為賣魚的人愈來愈屬害,以前泡過藥水的魚用看的就知道,現在用藥量愈來愈精準,看不出來,摸出不來,也聞不出來,直到吃下肚,而且還要吃很多,才知道中鏢了!」

實在很悲哀,人生愈來愈沒有標準可循,莫非吃條魚也要聽天由命?魚達人聳聳肩表示,道高一尺魔高一尺,總有方法可供參考,但跟以前截然不同罷了:

一、用手摸魚的表面有無黏液,魚愈新鮮,黏液愈多,但泡過藥水的魚摸起來也黏,不過黏的感覺不一樣。

不知該喜還是悲,選魚的標準之一,要看蒼蠅在不在。

從來沒聽過,台灣港口曾捕過鮭魚,裡面有一隻鋪上了冰,正在混水摸魚。

藥水魚很氾濫,不知是你吃魚,還是魚吃你。

二、看看有沒有蒼蠅飛來飛去想沾腥,如果連蒼蠅都沒有興趣的魚,民眾最好也躲遠一點。

三、魚肚子不是用摸的,而是要聞的,若聞起來很臭,不管是腥味還是藥味,就是直接告訴你,這是不好的魚啦!

李嘉亮說,很多人喜去漁港買魚吃魚,以為一定是新鮮現撈的,完全不察攤販賣的大多是進口而非本港海鮮,例如:大文蛤來自韓國或日本,油帶魚與急凍蝦等來自印尼,大鯧魚是緬甸進口的冷凍貨,即使都新鮮,全非台灣貨。

想知道是否本港現撈,必須先了解這個漁港漁船的捕魚方法,例如:龜山島早期資源豐富,現在漁獲量少,所以叫龜山島的餐廳賣的魚很難來自龜山島。再舉例新北市金山、萬里與野柳一帶漁船的釣魚法是延繩釣,軟絲和透抽的產量很多,但有許多裝在塑膠袋裡,已經凍成棒狀的,這些大多是印尼進口,不過冷凍漁獲並不代表不好,最怕吃到冷凍又解凍反覆多次的海鮮,如此絕對不新鮮。

此外,這一帶亦流行釣槽,槽裡裝了一百個魚鉤,海裡放了一百個

別以為漁港買魚最新鮮，這攤漁獲不是染色增豔便是泡藥變硬，細看慘不忍睹。

香港漁民在港邊漁船上這樣賣魚，但內行人表示，其中有許多根本是進口魚。

以上的釣槽，主要捕獲鯖魚、錢鰻、石斑和鸚哥魚等。花枝游在淺海面，所以釣花枝只要看得見就撈得到，打光是為了看清楚不是引花枝來。烏賊，包括槍烏賊、鯽烏賊、透抽、小管等則處於深海，必須以強光吸引其浮上來，捕不同海鮮，漁船設備全然不同。

宜蘭大溪漁港以拖網漁船為主，拖網容易造成魚身的損傷，稍有外傷，魚賣得更便宜，另外也捕獲不少甜蝦、紅目鰱、白帶魚、胭脂蝦等，不過紅目鰱正常的顏色是粉紅色，但漁民用米酒或高粱噴之，讓魚身轉而鮮紅，賣相變得更好。白帶魚從尾巴提起，感覺像木棍，有一種僵直現象，這魚一定新鮮。鯊魚皮不吃，因為多半泡過氫氧化鈉，魚皮未煮前像蒟蒻，一煮就化成稠芡。

到漁港邊吃魚，不要挑大的、認識的吃，因為這些好規格的魚，價格亦昂貴，但也記得便宜沒好貨，好魚有海的味道，是一股海浪拍打岩石激發的氣息。你不認識魚，魚也不認識你，自然被不肖商人當成冤大頭騙。李嘉亮提示，有很多漁港附近有很多餐廳，但漁港停泊的漁船很少，用常理判斷，你吃的是誰捕的什麼魚？用用腦子就知其中有鬼。

←漁民對紅目鰱噴高粱酒，魚身便會轉成消費者喜歡的深紅色。

↓看眼睛、翻魚鰓、掐魚肚都不能確認此魚到底鮮不鮮？

↑剛捕上岸的新鮮魚，全身發光，跟傳統市場的完全不同。

↓宜蘭真情非凡民宿經營的伍參港海廚餐廳，使用當日在地漁獲，連盤子也自製。

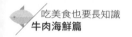

食譜大分享

**李嘉亮之露營高手亂亂煮食譜 PK
王瑞瑤之出一張嘴亂亂講食譜**

● **嘉亮之三罐絕配：**

水煮鮪魚罐頭（愈貴愈好，便宜的是鮪魚尾的碎肉，貴的才是整片完整）＋義大利酸豆＋愛之味的漢方麻辣醬。全部開罐，倒在一起，混合均勻，即是露營菜、下酒菜、颱風菜。

● **瑞瑤 PK 之韓式鮪魚泡菜鍋：**

油漬鮪魚罐頭整罐連油倒入泡菜鍋裡，油潤澀，酸剋腥，是絕配。

● **嘉亮之蔥油雞／魚／肉：**

蔥白切絲，加鹽拌勻，約8至12分鐘，聞辛辣味轉甜，淋入麻油定住風味。魚封膜，見水沸，上蒸架，加鍋蓋，蒸30分鐘，汁倒掉，鋪上醃蔥白即可，不必澆淋熱油。主角換熟雞，或是拜拜過的熟五花肉。

● **瑞瑤 PK 之蒸魚的基本法：**

水沸放魚，加鍋蓋，見白色水蒸氣再冒出，才能計時，不能亂亂蒸啦！尤其是李大哥都吃現釣的魚，鮮度比市場上都好，自然亂亂蒸也好吃，一般家庭主婦若這樣蒸魚，一定會難吃到被家人碎念到長耳垢。

● **嘉亮之剩菜蒸魚：**

筍絲扣肉之紅燒料理的殘渣，香菇炒肉絲等芡香料，都可鋪在魚身入鍋蒸製，可加水加鹽調重味道，只要不是宴客，就不會被人笑掉大牙。

● **瑞瑤 PK 之川湘蒸魚法：**

我先生保師傅之前有教我，川湘菜蒸魚會先炒製蒸魚料，起油鍋，爆香蔥薑蒜與辣椒，炒香絞肉，加入醬油、料酒、紅油、魚露、黑白胡椒

粉，以及辣豆瓣醬或豆瓣醬等調味，並拌入豆豉或冬菜或醬瓜或榨菜（以上不是全用，可自選家中有的再擇一），同樣蒸魚時鋪在魚身上。

魚達人李嘉亮的露營高手亂亂煮，其實非常好吃。

● **嘉亮之紅燒清蒸魚：**

從馬祖朋友那裡學來的，紅燒魚吃一面，朋友來，翻面蒸熱即可。亦可以先把蔥薑蒜辣椒加醬油先紅燒，鋪上魚身再蒸，可享有清蒸魚的嫩和紅燒魚的香。

● **瑞瑤不 PK：**

我確定這兩人一定不是好朋友，否則吃一半的魚哪能翻過來宴客！

● **嘉亮之自行調配蒸魚鹹汁：**

指定使用金蘭玻璃瓶裝純釀造藍標醬油，可混入醃鳳梨、蔭冬瓜、破布子（非羅漢果醃漬），至少變化上百種風味。

● **瑞瑤 PK 之自製蒸魚鹹汁：**

還有醬筍、蔭瓜、豆醬或米醬豆腐乳皆可用。

另外公布我自己破解，位於中原街亞都飯店後方，只有晚上營業的凱紅鵝肉老闆私房蒸魚汁：鵝油、醃鳳梨、米豆醬等，蒸魚若能使用少許動物油，噴香流口水。

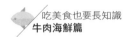
魚沒壞只是有點腥

最近有很多朋友看到我，總是先露出神秘的一笑，然後貼過來壓低聲音問我：「那條沒有壞只是有點兒腥的魚，到底是哪一家的年菜呢？」

日前在試完台北地區19家飯店的118道外賣年菜之後，我在臉書上發表了一篇即時文章，標題是：「這條魚沒有壞，只是有點兒腥而已。」到底是哪一家飯店硬拗一條1280元的糖醋松鼠黃花魚沒有壞，只是有點兒腥而已，其實在當天上傳文章後，立刻有人破解答案。

過年不煮菜，全仰賴外帶，但外賣菜餚有極限，特別是海鮮類。平常吃魚不但要新鮮，還要講究火候，然而烹好一條魚，經過打包，客人提領，回家再吃，即使沒有冷透，魚肉也不好吃。所以這麼多年下來，年菜踩地雷的一定是魚和海鮮。

吃完飯店外賣年菜，緊接著試吃超商冷凍年菜，拆開阿基師監製的五柳魚，竟出現一條生鱸魚，這是年菜鑑定有史以來第一次主食材是生鮮未烹狀態。眼睛突然亮起來，這個點子真不賴，不是熟菜復熱，而是現烹現吃，還附上蔬菜包與醬料包，照著步驟做，過年阿基師也在我家。

可是看完操作步驟，忍不住大笑出來，為了做評鑑，所有菜餚加熱全照指示說明而不敢自作主張，這條半斤多重的鱸魚竟要用電鍋冷水蒸25至35分鐘，然後淋上蔬菜與醬汁再蒸10分鐘。

冷鍋蒸魚，違反烹調經驗，半斤蒸半小時，會不會太誇張？淋醬再回蒸，這條魚跟煮熟再復熱又有什麼兩樣？阿基師在螢幕上教做菜，以新速實簡著稱，15分鐘可以完成兩道菜了，蒸一條魚為什麼前後得花45分鐘？

追問答案更令人傻眼，製造工廠假設消費者完全不會做菜，所以模擬

(1)強調效率的超商年菜，曾主打微波魚，結果很可怕。

(2)飯店年菜醉黃魚被折成魚躍龍門的形狀。

(3)魚愈新鮮，蒸好的模樣愈難看，皮開肉綻，魚眼爆出。

(4)飯店年菜海上鮮，拎回家必須再回蒸，算一算這條魚最少死三次

(5)阿基師代言的冷凍年菜，曾掀起一條魚要蒸幾分鐘的討論。

最糟狀況寫出加熱說明，就是魚在根本沒有解凍之下，直接放進冷電鍋裡，蒸到全熟需時25至35分鐘，業者還特別強調，復熱步驟阿基師並無參與，該品項也還在調整中。這種不合邏輯的指示，暴露廠商只怕糾紛而不顧美味，名師監製沒有完全負責的真相。

為什麼影響力比馬英九總統還大的阿基師，不能藉由冷凍年菜來教導消費者正確的蒸魚方法？就像在飯店廚房，或電視教做一樣，雖然偷呷步，卻是不藏私。但我很確定，過年上桌的那條魚，不管是飯店即食還是超商冷凍的，遠遠比不上自己在家做一條，就像炒青菜一樣，沒必要跟飯店買，因為實在太昂貴，也不必買冷凍熟菜，因為解凍再加熱全都糊爛爛。

食譜大分享

何麗玲教你蒸冷凍魚

美女企業家何麗玲以擅烹聞名，連續數年為農委會認證的「海宴」精品水產代言，並親自示範冷凍海鮮如何變成豪華年菜，見她嬌滴滴小個頭，抄起一尺三的中華黑鐵鍋蒸一尾逾一公斤重的石斑魚，不但料理手法很嫻熟，配料簡單不複雜，最重要的是冷凍魚這樣蒸，美味零失敗。

一、真空包裝的冷凍石斑魚連包裝丟進水裡，直到完全解凍再取出。

二、在魚身兩面切出多刀深及魚骨的斜紋，用少許台灣魚露，多一點的白胡椒粉醃10分鐘，記得兩面，刀紋與魚肚都要抹到。

三、取玉米粉加冷水與沙拉油打成稀薄油糊，先將石斑魚表面的水分拭乾，再敷上玉米油糊，也包括刀紋肚子等魚身內外。

四、青蔥一大把，一刀分白綠，蔥綠墊中華黑鍋底，蔥白塞石斑魚切口，將魚直接放在青蔥上，撒點烹大師，蓋上鍋蓋，開始點火。

五、一路中大火，見鍋邊微冒煙，轉小火燜15至20分鐘即成。

六、將蒜末、香菜末、紅辣椒末、黑醋、台灣魚露、細砂糖調勻成淋汁。

七、魚蒸好，小心取出盛盤，拿掉蔥段，淋上魚汁即可上桌。

很有趣也不會失敗的蒸魚法，經營醫美診所有聲有色的何麗玲，運用SPA、敷臉、保濕來蒸魚，而且蒸魚墊蔥不擺盤，蒸出來的魚汁變成蒸魚底水，哪怕蒸的時間過一點也沒關係。決定味道的最後淋汁亦可改變成糖醋、麻辣等風味，這招確實很厲害。

↑何麗玲利用青蔥墊底來蒸魚。

↓名媛何麗玲蒸冷凍石斑的手法一級棒。

劉冠麟教你蒸活石斑／現流魚

目前為香格里拉遠東飯店集團廚藝總監的劉冠麟Eddie Liu，是生於香港的滿族後裔，年輕時演過電影，25歲拜師澳門西南魚翅餐廳，從殺魚開始學起，入行超過40年，海鮮、烤鴨、粵菜都厲害，煲湯煲飯也講究，並多次前往中國、東南亞等國家展演台灣料理，目前並擔任世界烹飪聯合會顧問等十餘個美食組織頭銜。

名廚劉冠麟表示，香港人最愛吃活魚，清蒸一斤重最佳。

一、香港人吃石斑，重量在一斤左右，最愛東星斑，又稱紅石斑、紅條。

二、石斑多細鱗，去鰓抽肚之後，用熱水澆淋魚皮，或是快速汆燙，然後用小刀刀尖刮除細鱗，尤其是魚下巴、魚鰭下、魚脖子，並在魚背肉厚處兩面戳幾刀，把魚擺在魚盤裡。

三、活魚講究火候，等底鍋水大沸騰，才能放魚進鍋，蓋好鍋蓋，見蒸氣溢出，轉小火開始計時。1斤重活魚蒸12分鐘，8兩重蒸6分鐘。

四、取出魚，倒掉盤裡腥水，蔥絲鋪在魚上面，澆淋少許滾沸熱油。

五、油鍋趁熱，噴進醬油、美極鮮味露、熱水、白胡椒粉、細砂糖與幾滴麻油，見沸即起，淋上魚身即完成。

劉冠麟利用熱鍋餘溫，熗醬汁，淋蒸魚，美味無比。

吃美食也要長知識

前行政院農委會漁業署長 **沙志一**

一、冷凍魚的正確解凍方法有以下兩種：

1.低溫解凍

烹調前若有足夠的時間，可用低溫慢慢解凍，是保持品質的最佳方法。將冷凍魚連同外包裝一起由冷凍室移至冷藏室，經過數小時即可自然解凍。

2.浸水解凍

如果馬上要煮，將冷凍魚連真空包裝，或將塑膠袋口束緊，再浸入水裡解凍。切勿把魚直接泡在水裡，否則風味和營養皆流失。

二、解凍方法不對，魚會流出很多血水，這是腥味的來源，像很多人貪快用微波爐解凍，雖然方便，但細胞被破壞，口感就沒有那麼好。此外．魚冷凍的速度若很慢，也會影響口感，不過部分家用冰箱也有急速冷凍，魚經4小時凍得硬邦邦。

三、養殖漁業發達，一年四季都吃得到魚，但是普遍來說，魚的盛產季節是夏季8、9月分，為了繁殖，肉質也會特別軟，特別好吃。

前漁業署長沙志一教你解凍魚的正確方法。

魚肉回春大法

牛肉有熟成，火腿有熟成，你知道連魚肉都有熟成法嗎？不是泡藥水讓魚肉變Q變腫，而是回歸到老人家的醃魚法，讓魚肉變油潤變肥嫩，好像活過來似的，魚達人李嘉亮跟主持人王瑞瑤一邊聊年菜亂亂煮，一邊傳授魚肉的回春大法。

李嘉亮除了是魚達人，還是露營、登山、溯溪、釣魚、製刀等領域的高手。

魚達人李嘉亮的魚肉回春大法：

適用魚種：土魠、白帶、赤鯮、鬼頭刀等魚，輪切成塊或整尾皆可，新鮮無泡藥水。

準備工作：讓魚完全退冰，洗去魚頭、魚腹、大骨魚的血水與血塊。

做法：

一、以高濃度鹽水浸泡：取盆調製高濃度鹽水，嘗起來很鹹很鹹，比海水還鹹，魚肉完全浸泡約10分鐘。（鹹度約為6~10%）

二、以低濃度鹽水浸泡：等待同時，另取一盆再調製低濃度鹽水，鹹度比喝湯鹹一點，將魚肉撈出換盆浸泡，時間約1到4天不等（通常為3天），記得放進冰箱冷藏，每天確認是否走味臭掉。（鹹度約為1.5至2%）

三、取魚聞味，若無異味，撈出，裝袋，密封，冷凍，保存期間至多為2個月。

李嘉亮利用濃淡鹽水熟成的土魠，讓土魠鼓起，彷彿活了回來。

四、當然剛熟成馬上吃最美味，不必抹鹽，油鍋乾煎，立刻可知利用鹽水醃泡熟成的魚肉，絕對是人間美味。

PO文數天後，碰到北投水美溫泉會館主廚葉福來，葉師傅告訴我，水美有位常客，是知名的企業家，每次來吃飯總是帶著真空包裝的大片土魠，交代他解凍後直接下鍋，不必洗也不必醃。

葉師傅偷偷沾一下，發現土魠有鹹味，色粉白，肉很肥，味很鮮，他自己跑去買上好的土魠切片，試著用鹽巴醃，結果肉緊實而纖維粗，做不出大老闆的肥嫩效果。

直到那一天，他看到我在臉書粉絲專頁，PO出魚達人李嘉亮在廣播節目中介紹的魚肉回春大法，突然恍然大悟，原來不是直接用鹽巴醃，而是利用不同濃度的鹽水令魚肉熟成。

葉師傅透露，試做了幾次都非常成功，但具有實驗精神的他，挑戰魚

達人沒說的魚種，買了虱目魚試驗，結果魚肉爛糊，才知魚達人指定魚種是有道理的。

老實說，魚達人在之前送我幾片冷凍土魠，我以為是普通鹹魚所以凍著沒吃，今天突然間好想吃這些魚，於是解凍一片，大火燒熱中華炒鍋，倒油潤鍋，把醃魚擺進去，殺一下，滋滋響，煎出兩面漂亮金黃。

我和我先生曾秀保保師傅吃東西有約法三章，無論吃什麼，都要留一半給對方，可是今天這片魚，最大長度超過20公分，我一人吃欲罷不能，最後勉強留下1/4塊弱。

醃不只是出水，是一種熟成法，我咀嚼肥而有味，組織一片一片，還非常滑口多汁，甚至有黏唇感的醃鹹魚時，忍不住想起10年前在安徽吃到的臭鱖魚。臭鱖魚上溯到兩百多年前，當時交通不便利，魚販從長江打撈鱖魚準備運往安徽山區，挑擔步行天數約7、8天，這段時間魚肯定會壞掉，所以把魚醃鹽裝木桶，上壓石利出水，鱖魚等於泡在鹽水裡，魚運到了也熟成了。

臭鱖魚名為臭，聞起來是真臭，吃起來可真香，那日在徽菜館裡吃飯，臭鱖魚還在走道上，臭味湧進包廂，當時不明就裡，也不敢問是哪位同行採訪大哥，竟沒禮貌的把鞋給脫了，等臭鱖魚進門，差點兒沒昏倒，這不是一位大叔脫鞋而已，而是十位大叔臭腳的濃度，臭到很想撞牆。但沒硬著頭皮吃一口，如何寫出真實報導？但見臭鱖魚切口片片上翻，展露肥美之姿，便大膽下箸，憋氣一嘗。

「西塞山前白鷺飛，桃花流水鱖魚肥，青箬笠，綠蓑衣，斜風細雨不須歸。」唐朝詩人張志和以《漁歌子》表達樂而忘返的心情，我知道他說的絕不是臭鱖魚，這般臭味蕩氣迴腸久久不去，質地滑嫩肥美念念不忘，這種臭到顛峰，嫩到極致，張志和若吃過，內心肯定再也無法如此平靜。

→貴州少數民族也有醃魚
回春大法，與「繞著地球
跑」的主持人李秀媛一起
大膽嘗生魚。

↓安徽臭鱖魚的由來是為
了順利把魚送進山裡。

烏魚子食用大全

第一次採訪迪化街李日勝老闆娘王麗蘋，她的精明幹練令我印象深刻，為了證明烏魚子有三吃，她真的做出烤、煎、煮三種烏魚子給我品嘗，讓我記憶烏魚子的不同風味，特別是水煮烏魚子，她說：「煮過的烏魚子非常柔軟，最適合牙口不好的老人家。」

迪化街名店李日勝老闆娘王麗蘋，多年來致力有品牌概念的烏魚子。

從什麼都不懂的年輕小姐，嫁進迪化街食品行的第一天開始，王麗蘋就打定主意要成為南北雜貨的專家，烏魚子是她鎖定的重點項目之一，她看到迪化街每家都賣烏魚子，過年時連路邊攤也出現一堆堆的散賣，但沒有人掌握漁民和加工廠，於是她開始跑產地，找漁民，所以李日勝在十幾年前便在烏魚子上貼出「勝」字標記，代表對產品的絕對負責。

最近幾年野生烏魚產量減少，漁業署強力促銷養殖烏魚子，但王麗蘋仍堅持走野生路線，原因在於風味難以取代，而且拜冷凍設備的進步，從巴西、美國進口的冷凍烏魚卵品質並不差，「以前聽到巴西烏魚子就等於次等貨，但巴西卵已非吳下阿蒙，是野生烏魚子的重要來源。」

也因此現在加工烏魚子不必等烏魚游過來，所以烏魚子沒有陳年貨，市場有需要再製作，講究的是新鮮。

王麗蘋認為，所有食物都一樣，只要原材料好，烹調技術差一點還是很好吃，近幾年來烏魚子出現品牌概念，不管是曬場得獎的，還是老店

自營的，有品牌自然有保障，不要貪圖市場路邊的便宜貨。此外，部分店家也販售真空包裝、炭火烤製的烏魚子，一開始是為了日本遊客拆封即食所需，如今也方便不會烤烏魚子的消費者。

在傳授烏魚子三吃之前，王麗蘋特別提醒，很多人怕烏魚子沒有熟，所以就拚命烤，把好好的烏魚子變成粒粒爆開的熟豬肝，烏魚子最好吃的狀態為「外酥裡黏」，不管是烤煎煮，時間一下下就好。

李日勝二代老闆娘王麗蘋傳授烏魚子三吃：

酒燒／風味最香：

58度高粱酒100cc，點火燒炙一片烏魚子足矣！酒裝在碗裡，烏魚子用烤肉的金屬長籤插起來，火點酒直接烤，直至火滅就好。

油煎／別有風味：

取高粱酒浸泡烏魚子40分鐘，撕去薄膜，平底鍋燒熱，加很少很少的油，火轉小，放入烏魚子煎30秒，最長不超過1分鐘，翻面計時30秒，即起。

水煮／裡外軟Q：

平底鍋裡放烏魚子，加水加酒各半，水酒的高度不得超過烏魚子的厚度，開大火煮，翻面煮，煮至水酒收乾即可。（此招針對牙口不好的老人家，非常好吃的一招）

王麗蘋的烏魚子四吃，從左至右為：油煎、水煮、酒燒、炭烤。

烏魚子酒燒，得控制酒量，大多則太熟。

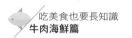
　　此外，經常上節目教做菜，專門研究複雜料理簡單做的晶華飯店宴會廳主廚蔡坤展，也傳授自創的「烏魚子擺平法」，更精準，更簡單，而且煎煮時間更短。

蔡坤展的烏魚子擺平法

　　一、選購：選購一片重三兩的烏魚子，兩邊大小均勻，顏色不要太深，橘紅為優，並檢視沒有補膜的痕跡。
　　二、熟成：食用前拆封陰乾，最長五天，滋味會更好。
　　三、撕膜：任何酒均可，塗抹烏魚子表面使其溼潤，靜待五分鐘，撕除外膜。

簡單料理一：油煎爆法
　　平底鍋放少許油加熱到冒煙，放下烏魚子，聽到油爆聲，默數15秒，翻面，熄火，再15秒即可。
簡單料理二：酒煮糖法
　　平底鍋放清酒30cc加冰糖10克，小火煮化，放入烏魚子，同樣兩面各15秒。

　　中廣流行網「王瑞瑤的超級美食家」最受歡迎的來賓之一，露營高手的魚達人李嘉亮也是烏魚子的愛好者，對烏魚子相當內行，他表示極上品的烏魚子，不限野生和養殖，身上有標記，「烏魚子連著一塊金黃色魚皮，這是加工業者之間傳遞好品質的暗語」。

　　此外，很多人認為顏色偏黑的烏魚子代表品質不好，甚至不敢食用，李嘉亮說，烏魚子從明朝傳入日本至今，日本人稱烏魚子為「唐墨」，所以烏魚子的色澤黑並不影響口感。

　　魚達人也有獨到的四種烏魚子吃法，宣稱其中有一招已失傳，另一招甚至違法。

台南聽友安爸的電圈電爐百轉千翻的誠意烏魚子。

第一招已失傳：用日曆紙兩三張包住烏魚子，放在大灶的通風管處，慢火烤至外乾內黏牙，這是李嘉亮阿爸的絕招。（由於大灶改瓦斯爐，此招不復見）

第二招有耐心：平底鍋加少許油，開最小的火煎烏魚子，以菜鏟輕壓，感到另一面觸鍋的烏魚子已經鼓起就翻面，憑感覺翻面好幾次，要煎2、30分鐘。

第三招最乾脆：用48度高粱酒，浸泡片刻，再引火焚燒，用鐵筷多次翻轉烏魚子表面。記住，酒精濃度太高酒氣太重，濃度太低則起不了火。

第四招要違法：高粱酒改用私釀的蒸餾鳳梨酒，可多增幾分水果甜香。（王瑞瑤提醒你，喝酒過量有礙健康，開車請千萬別喝酒，私釀酒問題頻傳，買到假酒請自行負責）

這幾年吃過很多烏魚子，其中以安爸的電爐手烤烏魚子讓我最感動，以及Eddie哥的18拉烏魚子炒飯令我驚豔。

那天一大早淒風苦雨，門鈴突然叮噹響起，原來是好友安琪拉專程從台南帶來她父親從高雄茄定選購，用電圈電爐親手烤製的烏魚子給我。

現居台南的安爸是高雄茄定人，茄定以出產烏魚子聞名，雖然安爸吃素十餘年，每年仍以專業眼光挑選烏魚子，並且親手烤製或煎製分享給親朋好友。安琪拉帶來的烏魚子，除了真空包一整片的以外，還有一袋兩小包，用白紙折疊包覆、印花塑膠袋封實，安爸利用電爐慢慢烤到表面起泡，內裡維持糖心綿密狀態的切片烏魚子。

原以為安爸是賣烏魚子的，搞半天原來他是我的粉絲，每天中午11點和下午6點準時收聽中廣流行網「王瑞瑤的超級美食家」，「我爸爸本來不相信我認識瑤瑤姊，他不知道他女兒的人面很廣啦！」

　　面對這等誠意十足的烏魚子，而且是一大早，頂著風、淋著雨送到我手上，實在不敢當。仔細端詳，發現安爸的烏魚子與眾不同，表面金黃亮澤，用電爐烘烤的烏魚子，竟沒有烙下一點兒焦痕，而且魚卵粒粒鼓起，非常漂亮誘人，「台灣已經找不到電圈電爐，我爸爸跑去二手商店尋找，用夾子夾著烏魚子耐心翻烤兩面至少上百次，不時還聽見烏魚子發出啪啪啪的爆裂聲。」

　　忽然腦海中一閃，一圈圈紅火的電圈電爐，也曾經是我爸爸的最愛，以前住在桃園龜山的靠山處，冬天濕冷嚴寒，我爸爸利用小小的電圈電爐燒熱水、烤魷魚、暖手暖腳，但是我從小看到這種電爐就覺得很危險，手摸到會起泡，紙碰到會著火，有點恐怖，沒想到它竟能讓烏魚子登峰造極。

　　安琪拉說，沒用電爐時，安爸會用炒鍋加一點點油去烘烤烏魚子，而且烏魚子拆封後不能馬上下鍋，要吊起來三五七天，表面更乾烤起來更好吃。

　　至於香格里拉遠東飯店廚藝總監劉冠麟Eddie哥的西巴拉烏魚子炒飯，更具體形容是骰子烏魚子炒飯。由於長期主跑美食而關心農業，發現很多人熱愛在地農產品，但會買不會煮，所以2014年7月起帶著名廚下鄉找食材做好菜，並在《中國時報》每週六見報的《旺到報》進行連載，直到我離職為止，總共製作20多個專題，Eddie哥便是以行動支持我的隨行主廚之一。

　　一般炒飯放烏魚子很小氣，不是切細丁便是磨成粉，Eddie哥很豪邁，以烏魚子的厚度為準，切成一粒粒方正的骰子形，「烏魚子一定要切大粒，像黑眼珠一樣大，吃起來才有感覺！」

　　而且烏魚子不與飯炒，而是單獨烘烤再與炒飯會合，如此不會因為炒飯時間過長而影響到烏魚子的熟度，這招真的很厲害，每一粒烏魚子超有存在感，咬起來好黏牙又沒腥氣，這款頂級烏魚子來自烏魚子最大加工廠高雄茄定「文一食品」老闆蘇鴻鵬的贊助，也讓我更加確定，好吃的烏魚子不是切片，而是切塊切角，大口咀嚼享用。

烏魚子炭烤，公認滋味最香。

Eddie哥的西巴拉烏魚子炒飯

一、白飯煮好，翻鬆放冷。若為冰過的隔夜飯，打微波或蒸熱，再翻鬆弄涼。

二、烏魚子先撕膜再切丁，以厚度為準切成正方體，約1.5立方公分。

三、熱鍋放豬油，先炒雞蛋，見熟盛起。

四、熱鍋再加豬油，放白飯輕壓弄散，加入鹽巴、雞粉、砂糖、白胡椒粉等拌勻盛起。

五、取洗淨鍋子先燒熱再放烏魚子粒，搖幾下之後，就讓炒飯炒蛋回鍋，撒下蔥花與醬油，翻勻即起。

←Eddie哥強調，烏魚子炒飯，一定要把烏魚子切得跟眼球一樣大喲！

↓名廚劉冠麟把鳳梨炒飯和烏魚子兩相結合。

(左)台灣最大烏魚子加工廠文一食品的烏魚子春聯。(右上)文一食品老闆蘇鴻鵬表示,烏魚子是按照供需而加工出貨,吃烏魚子也要講究新鮮。(右下)文一食品開發的烏魚子粽。

如果可以,烏魚子切塊比切片吃更有味道。

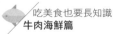
瞪眼看蝦鮮不鮮

　　如果不管價格，活蝦、現流蝦、冷凍蝦，你會選擇哪一種？

　　在你做出選擇前，有但書要說明，活蝦可能是顫抖蝦，現流蝦或許是退冰蝦，冷凍蝦恐怕是黑頭蝦。

　　2013年我與我先生國宴主廚曾秀保保師傅，聯手在皇冠文化出版第一本《大廚在我家》，當初把蝦仁上漿法列入6大基本功裡，而且在書中挑明：「餐廳賣的蝦仁多半肥嫩嫩、白泡泡，呈現無瑕的粉紅半透明，咬起來雖然脆口彈牙，卻沒有蝦仁味。」保師傅還指出：「外面的蝦仁多半泡過藥水，只有QQ口感沒有鮮味道，而且這種蝦仁吃多了絕對會出問題，想吃蝦仁一定要自己剝殼比較安全。」

在漁港邊吃到進口冷凍蝦，殼與肉之間的間隙明顯可見。

當時為了突顯藥水蝦仁大量流竄餐廳與通路的嚴重性，保師傅不但拍攝了蝦仁抓、洗、脫、拌基本法的教學影片，甚至把自己剝的與藥水處理的蝦仁放在一起比較，讓社會大眾重視這個問題，果然不久之後，烹飪節目也教民眾自己剝蝦，談話節目開始討論藥水蝦仁有多可怕，美食節目再也不會出現主持人拿著藥水蝦仁，一臉陶醉大叫：「好肥、好Q、好好吃！」的蠢樣子。

　　食安權威文長安表示，食品加工廠大多使用殺菌劑，傳統市場則使用還原性的漂白劑，最常見為保險粉，即硫酸鈉或亞硫酸氫鈉，讓蝦仁變成肥肥大大的藥水蝦。想吃蝦仁最好自己動手剝生蝦，但頭尾完整的蝦子難道沒有問題嗎？

　　有一年擔任交通部觀光局團餐的臥底評審，設定10人一桌2500元為評鑑目標。很諷刺的是，人明明在漁港邊，去的是海鮮餐廳，吃的盡是冷凍海鮮和染色魚漿的加工品，甚至出現蒟蒻製成的素生魚片。

　　吃美食也要長知識，教大家如何辨別冷凍蝦：

　　一、蝦殼和蝦肉間有明顯間隙。

　　二、蝦殼有皺紋不平滑。

　　三、蝦子大小非常一致。

　　若符合上述三條件，肯定是冷凍蝦跑不掉，而這些蝦子多半為進口貨，不過最慘的是冷凍蝦再烹煮，解凍再加熱，等於煮兩次，如同吃到飽餐廳的長腳蟹，大多也是冷凍蟹，因為重複加熱或不當解凍，而變得粗糙難吃。

　　所以冷凍蝦不一定是新鮮度差或等級不好的蝦子，但是民眾上市場買蝦，習慣購買鋪在冰上的現流蝦，對冷凍蝦的接受度很低，然而看起來像現流的，實際上呢？一位食品加工廠的老闆曾透露，一盒盒包裝妥貼的冷凍蝦，擺在超市裡乏人問津，但拿出來解凍再鋪冰，偽裝成現流蝦居然賣光光，傳統市場亦然，所以銷售人員或市場魚販得把蝦子先解凍，順利賣給民眾，民眾拿回家再凍起來，蝦子等於死兩次。

　　很好笑對不對？這個現象不光是蝦子，連魚也是，魚販到市場前一樣

先解凍，消費者買回家再回凍，要吃再解凍，這條魚冷凍又解凍至少兩次，試問這樣的海鮮如何能新鮮？

有的冷凍蝦一經解凍便頭尾發黑，這到底新不新鮮，還能不能吃？其實蝦子發黑是正常現象，但非全身黑，而是部分黑，所以看到黑應該笑，因為被藥水泡過的蝦子怎麼樣都不會變黑，文長安老師還教導過一種辨識方法，上餐廳點龍蝦或其他蝦料理，菜上桌先不吃，等半小時過後，看蝦脖子與蝦尾巴有沒有發黑，若是依舊紅通通，表示這些蝦已泡過保險粉，就算拿去曬太陽也不發臭變壞，若有發黑即是天然，可安心大吃。

有聽眾真的照做了，卻看不出有沒有變黑，我覺得這招非常好笑又有點自虐。菜上桌，盯著瞧，半小時，冷透了，才決定要不要吃，如果是我，肯定抓狂，若懷疑店家黑心，直接拂袖而去還比較乾脆。

不過有一種冷凍蝦，文老師提醒千萬別吃到，正確應該叫凍藏蝦。冷凍蝦多從越南進口，有些不道德的貿易商為了節省電費，將溫度從負18度C調高到負1度C，原本硬邦邦的冷凍蝦慢慢變成半解凍的凍藏蝦。辨識方法是蝦子一離開冰箱，立刻解凍變軟，此蝦保存期限大幅縮短，所以必須動手腳加入保險粉延長保存。說到最後，還是要懂得辨識蝦子會不會稍微變黑，才是自保方法。

使用保險粉雖然合法，卻容易塑造很新鮮的假象，想知道魚販有沒有

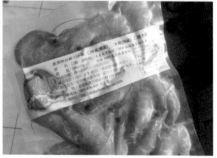

(左)嘉義蝦覓世界的冷凍蝦仁，經過清炒，出現蝦子該有的模樣。(右)還有水熟調味，風味與鮮度極佳的冷凍蝦。

使用保險粉，繞到攤子的後面，看看有沒有藏一罐白色粉末，即可一目了然。可是我覺得這招實在太難了，我又不是柯南，所以再請文老師深入分析市場中常見的三種活蝦狀態，教大家辨識有無加藥可能。

第一種水裡游來游去的蝦：養在水槽裡游來游去的，一邊打氣一邊販售的活蝦，若水面泡沫很多，表示飼料已汙染清水，業者為保蝦活便會下藥，所以視堆積氣泡多寡來決定能不能購買水槽活蝦，要買一定要選氣泡少的購買。

第二種是躺平了還會跳的蝦：如果蝦子撈出來躺在攤子前還活跳跳的，基本上是安全可購買的。

第三種躺平了只會抖的蝦：同樣躺在攤子前，仍是活的，身體卻不會動，只有兩根鬚會抖，這種蝦稱為「植物蝦」，跟植物人是差不多意思。由於捕撈時遭到擠壓而受傷，或是運送時氧氣不足，雖然看似完好，但身形已殘，所以添加碳酸鈉雙氧水來續命，遇到這種蝦，可千萬別買。

蝦子鮮不鮮？判別方法眾說紛紜，有人認為冷凍過的蝦子，蝦鬚斷裂不完整，但我自己觀察，有的有，有的沒，不能做為標準。就像有人提出蝦子煮熟，若尾巴展開，此蝦便是活蝦烹煮，然而展開是要展多開？有的並攏，有的小開，有的大開超過九十度角，最終還是要透過吃蝦的經驗，細細觀察比較，才能真正長到知識。

(左)蝦子是否新鮮？煮熟後請看眼睛是否還完整。(右)蝦子是否新鮮？煮熟後看尾巴是否張開。

吃美食也要長知識

- 煮熟的蝦子若蝦尾張開，是新鮮的表徵，但要張多開？沒有比較沒有概念。

- 生蝦的蝦頭與蝦尾微黑很正常，蝦鬚變黑才是不新鮮。

- 頭殼愈透明的生蝦，甚至還看得到蝦腦，表示愈新鮮。

- 日本最新技術，薄鹽水加臭氧洗魚洗蝦，保鮮不變色。

- 會動的蝦不代表新鮮，動可能是活，也可能是抖。

- 愈新鮮的活蝦活蟹，煮熟了愈難剝殼，殼與肉會黏緊緊。

- 不是只有蝦仁才會泡藥水，帶殼蝦、軟足類都有機會泡藥水。

- 有營養師宣稱吃蝦比吃蛋好，蝦仁的蛋白質優於雞蛋，但前提是蝦子得夠新鮮。

- 煮熟的蝦子若是蝦頭自然脫落，此蝦絕對不新鮮，蝦肉口感粉粉的，建議吐掉別再吃。

- 急凍的蝦子比加藥的活蝦更安全。

- 急凍蝦包覆在外的冰是透明的，比慢慢結冰的形成霧狀的要好，透明的冰表示急速冷凍，優於後者。

- 冷凍蝦退冰後若出現黑頭，表示此蝦未加藥保鮮，是好蝦。

請教日本師傅，炸蝦用什麼蝦？答案是拉長蝦，但拉長蝦又是什麼蝦？其實是斷筋發過的加工蝦。

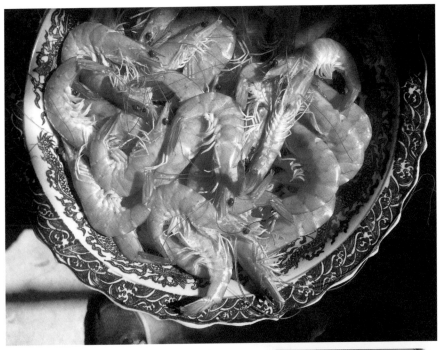

↑現撈現煮的活蝦，在嘉義邱家兄弟生態
養殖中心。

→試吃安永鮮物經過日本活細胞技術冷凍的
蝦子，結果解凍烹調竟像活蝦一般新鮮。

↑仔細看，半透明是藥水蝦的特徵之一。

↑愈新鮮的蝦子，蝦殼愈難剝，與蝦肉黏
緊緊。

自己動手做魚丸

　　因為愛吃，跟許多人結緣，其中一位重量級但不曝光的美食家是迪化街花生大王昌正浩，花生大王曾邀我在兩天內挑戰油飯14攤，還為了吃一家豬頭骨湯連續撲空五次未獲，為了尋訪美食，凌晨三點叫我起床穿好衣服準備出發，搞到我的枕邊人都快翻臉，但一切真的只是為了吃。

　　花生大王會吃，愛吃，挑吃又捨得吃，有一天他邀我回家吃飯，才知道原來他的懂吃是家傳，昌媽媽年輕時幫昌爸爸打理花生事業，從花蓮土豆脫殼廠一路打拚到台北迪化街，小企業會計變大家族的董娘，從年輕到老經常辦桌宴客，雞捲、排骨酥、魚翅羹、肝燉，以及菜炸、芋圓炸、鹹菜土豆炸等台灣古早味都是她的拿手菜。

　　沒想到整桌的菜，花生大王吃得少，倒是昌媽媽現做的魚丸他拚命偷捏塞進嘴裡，原來昌家的小孩從小不愛吃魚，昌媽媽變花樣做魚丸給孩子吃，沒想到子孫們都愛上昌媽媽的魚丸。

　　昌媽媽說，外面的魚丸大都是爛魚做的，不敢買給孩子吃，所以上市場偷偷看隔壁麵攤如何做魚丸，當時打魚丸用的不是冰塊，而是鹽

←因為兒子愛吃魚丸，昌媽媽到現在還是自己動手做魚丸。

(左)昌媽媽的魚丸比外面任何一家店都好吃。(右)自製無添加的魚丸，口感鬆軟，鮮味自然。

水，魚丸才會浮起來。

以前打魚丸沒有機器，用手腕和手臂的力量硬打，如今有攪拌機，做魚丸很容易，不容易的反而是找到適量的魚，必須是魚肉有黏性而非水性的鯊魚，或是味道香甜微澀的旗魚，以及肉軟的狗母梭，另外土魠也不錯。

由於每一種魚肉的特性不同，有的黏有的水，有的硬有的軟，魚肉可混用，之後再調整軟硬，例如全旗魚則冰多，全鯊魚則冰少，並以水或粉調整軟硬。

昌媽媽教我做魚丸，從上市場開始，發現在傳統市場中要找新鮮海魚攤並不容易，而為求方便，許多魚販已把魚肉切成大塊，裝進塑膠袋裡，若不是呂媽媽帶路，這種魚我可不敢買。

但買到了魚，還不能回家，同樣要找熟識的肉販幫忙，拜託把魚肉絞成魚漿。「因為現成買來的魚漿都不純，加了粉不打緊，還加鮮味劑和香精，魚丸聞起來好香，吃起來好鮮，但都不是魚的味道。」

拜託肉販利用絞肉機把魚肉打碎，這可不是一件簡單的事，絞肉機絞了魚那又要如何絞肉，所以昌媽媽很聰明，請肉販將魚肉細絞一次，但最後追加一塊肥油，把卡在絞肉機裡的魚漿帶出來，就不會造成肉販好友的困擾了。

昌媽媽的魚丸

準備工具：電動攪拌機

準備材料：

　A料：細絞的鯊魚肉600克、細絞的旗魚肉600克、細絞的豬肥肉150至200克、鹽巴20克、敲碎的冰塊300克。

　B料：太白粉60克、地瓜粉60克、二砂糖28克、味精一小匙、麻油和米酒各甩五次。（太白粉質地Q，地瓜粉則硬，米酒瓶用大拇指扣住，才能甩出來）

做法：

　一、A料放入攪拌機，以慢速攪打5分鐘，再轉高速打10分鐘。

　二、取出一小坨魚漿，放入冷水中確認是否浮起，若浮起，用小火慢慢煮熟，並試吃味道。

　三、若浮不起來，繼續高速攪打看能不能挽救，否則就是失敗的鬆垮魚丸。（小心攪拌機過熱，魚漿也過熱不新鮮）

　四、B料倒入攪拌機，速度先慢後快交替打勻。（若一下子開高速，粉會飛出來）

　五、炒菜鍋放冷水，用虎口擠魚丸，一粒粒小心放入水中。

　六、鍋子移回爐火，開中火慢慢煮，千萬不要亂動，更忌用金屬杓下鍋，等魚丸變色定型，用木鏟的反面，從下往上翻動，直至熱水冒出小泡泡，並確認魚丸熟透，立刻撈出。

　七、魚丸涼透再打包，冷藏7天。

　昌媽媽提醒，第一次打漿很重要，不會浮起來表示魚丸不會脆緊，口感會鬆鬆的不好吃，而且第一次試味道不要怕味道太重，因為之後要加粉平衡。若喜歡吃軟一點的魚丸，可以在B料裡多加半碗水。另外，煮魚丸不能用熱水或滾水，否則魚丸外熟內生，烹煮時間過久，鮮味全跑進水裡，反而不好吃。

1.做魚丸先選料，旗魚肉加鯊魚肉最佳。

2.打魚肉加入碎冰塊，不讓高速轉動的熱能造成魚漿不新鮮。

3.利用攪拌機做出純度很高又沒有添加的魚漿。

4.魚漿是否可做成魚丸？取小坨測試即知。

5.虎口擠球，將魚丸一一放入冷水裡，別急著開火。

6.煮熟魚丸火力要小，否則魚丸鮮味全跑到水裡。

7.即使為孩子做了一輩子的手工魚丸，昌媽媽的魚丸也沒有很圓。

　　現代人動手做魚丸實屬不易，因為大家平日生活都很忙，但一次可以多做一點冷凍保存，但是魚丸要耐凍，粉就要多加，甚至加到百分之五十，昌媽媽建議把魚漿打好，分包冷凍，記得塑膠袋內要抹麻油才不黏，吃前解凍，重新打活，捏丸下鍋。而打好的魚漿可拌入香菇、竹筍、肉絲、紅蘿蔔便成三絲丸。

　　此外，做魚丸有手法，左手虎口擠魚漿，右手手指取魚丸，右手要沾濕才不會黏手，捏丸下鍋才會俐落。

澎湖到底有多鮮？

　　在香格里拉遠東飯店廚藝總監劉冠麟Eddie哥的牽線下，2015年4月來到澎湖，找到一支釣漁獲供應商，也是供應台北龍吟等高級餐廳漁獲的旺興漁業老闆李旺，製作《中國時報》用吃愛台灣系列專題的報導，同時睜大眼睛，認真認識澎湖海鮮。

　　天才亮，跟著漁夫上小船體驗一支釣，結果連續吐了3小時；烈日下，坐上膠筏出海看牡蠣，才知日曬蚵殼是為了抗蟲；不作聲，隨著李旺逛市場，才知澎湖海鮮分三種：本產、大陸與加藥。

　　大海是澎湖人的提款機，列出澎湖二十一鮮，不只是海鮮，還有其他，而且這裡只有春夏，秋冬還沒列入！

透過劉冠麟，認識澎湖一支釣海鮮供應商的旺興漁業李旺。

第1鮮：石蚵

　　長在海邊石頭上，夏季最肥美，小粒長形顏色淺，皮薄肉緊肚子嫩，像干貝般的閉殼肌，咬起來很脆，生食嘗海味，山葵最對味，熟食顯甜鮮，煎蛋更濃香。

第2鮮：珠螺

　　澎湖人挑珠螺肉有絕技，用不到一秒，幾乎來不及按快門！蜷曲螺肉直徑不到1公分，還帶一條搶眼的鵝黃尾巴，門牙咀嚼，柔軟綿密。

第3鮮：章魚

　　4月到澎湖，撞見特有種章魚大出，一年僅15天的產期，每斤身價近千元。特有種章魚軟趴趴滑溜溜，觸手吸盤很有力，抓著籃子、黏在手上就是不放。

第4鮮：金鉤蝦

澎湖人用台語發音的金鉤蝦，不是本島人炒米粉用的乾蝦米，台南擔仔麵的火燒蝦，全身有深紅色斑塊，蝦殼偏硬，蝦肉稍軟，個頭不大，鮮味卻濃，蝦膏很豐。

第5鮮：金鉤蝦乾

吹過澎湖風的金鉤蝦乾，有的乾巴巴，有的故意脫水僅九分，為的正是剝殼裹粉酥炸，蝦身轉緊，蝦味更濃，比炸蝦更迷人。

第6鮮：沙丁魚

竹籠蒸、海風拂的海水沙丁魚，渾身亮晶晶，魚頭帶綠光，忍不住一尾吃完又一尾，入口的鹹鮮微苦，正是澎湖的感覺。

第7鮮：牡蠣

　　澎湖牡蠣終年浸養海水中，業者每天輪流把牡蠣勾上岸曬太陽，並定期取淡水以強水柱沖洗整串母殼，讓寄生蟲無法附著，生食級牡蠣主要供應台北各大餐廳。薑米蚵仔煎蛋

第8鮮：花枝丸

　　花枝丸在澎湖，純花枝為原料只是最低標準而已，由於供不應求，花枝多為遠洋漁船在其他海域捕獲的冷凍貨，使用澎湖沿岸活釣花枝製成才是極品。

第9鮮：紅新娘

　　天氣愈熱，紅新娘產量愈多愈肥，澎湖當地的紅新娘，也有進口冷凍貨，雖然大小、顏色差不多，但本地海釣紅新娘肉身飽滿，煎熟後側看更明顯。

（李旺提供）

第10鮮：石斑

　　春夏澎湖海鮮以珊瑚礁海域的石斑為主，罔斑、珠斑、黃斑、狐鯛、石老、青衣等，若不挑剔大小，價格十分便宜，吃法很簡單，整尾煮湯，新鮮就是王道。

第11鮮：絲瓜

　　澎湖絲瓜居然又短又肥，根本不是細長狀。澎湖絲瓜台語音為十捻，與雜念發音相同，所以台語有句俏後語「澎湖絲瓜——十捻」，讓你閉嘴啦！

第12鮮：楊桃螺

　　楊桃螺有拳頭那麼大，乍看很有西班牙天才藝術家高第的風格，有稜有角又有規則花紋，螺肉緊實但非脆口，有一股淡淡的獨特體味。

第13鮮：海膽

　　海膽在澎湖有禁捕期，地方政府開放每年5月16日到9月15日可捕撈，非此期間所食海膽皆為冷凍，生食不如日本海膽緊實，熟食做煎蛋或炒麵。

第14鮮：小卷

拜小漁船一支釣之賜，小卷上岸隻隻鮮活，就連冷凍再解凍，皮眼全都亮晶晶，肚子全是卵，咬起來卡嚓卡嚓脆口帶軟滑，在澎湖不管大管或中管全都叫小卷。

第15鮮：扁魚

在澎湖連扁魚都新鮮，沒有一般扁魚的臭香味，而且直接用烤箱烤到金黃色，不必再塗醬調味，撕成一條一條細細咀嚼，是比加工魷魚乾更勝百倍的天然零嘴。

第16鮮：剝皮魚

海釣剝皮魚在盛產時價格很平實，可做生魚片。取下魚肉，魚骨剁塊油煎，再加水熬出奶白湯，以濃魚湯涮鮮魚肉，美味無比。剝皮魚肝加芹菜蒜苗燜煮，一魚兩吃。

第17鮮：比目魚

日本料理店的高級魚種，除了生食、紅燒、乾煎以外，粵菜師傅在煎好的魚身上，淋上醬油、蠔油、麻油、紅蔥頭末、蔥白末等濃縮醬汁，謂為煎封。

第18鮮：澎湖XO醬

　　澎湖XO醬種類多樣，配飯拌麵炒菜都適合，但在地人挑選的方法只有一個，跟花枝丸一樣，主原料是否為在地當季，吃起來真的不一樣。

第19鮮：手作麵線

　　澎湖至今還有古法製作的手作麵線，從麵團開始，拉扯多次，由粗至細的麵線，因為吹過澎湖風，下鍋烹煮，不易爛又有彈性，不輸金門麵線。

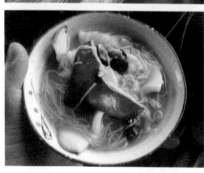

第20鮮：花生

花生曾經是澎湖人做料理的油脂來源，不是榨花生油，而是生花生直接炒青菜，所以在澎湖吃到花生炒高麗菜，會聞到花生湯的香味，而且菜汁也不能浪費，拌在白飯裡油潤又清甜，滋味直比滷肉飯。

（李旺提供）

第21鮮：花菜干

把盛產的白花椰菜剁撕成小塊，入熱水汆燙殺青，日曬與陰乾過程產生自然發酵，變成咖啡色的花菜干，花菜復水後與豬肉等多油食材炒製，散發淡淡酸氣，口感很脆，相當獨特。

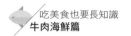
牛肉要吃幾分熟？

　　牛肉要吃幾分熟？如果是重組肉，以前一定要全熟，現在一分熟也行，不過有些重組肉即使擺在大太陽下賣一整天也不會變壞，這是食品加工的大躍進，但身體健康可要拉警報。

　　幾年前媒體大篇幅報導王品集團的主力牛排原來是重組肉，讓消費者驚覺，原來一塊方正的牛排來源有好幾種，一種是從牛身上直接切下來，另一種是切下來再黏起來，後者正是重組肉。

　　重組肉是一種合法的加工食品，目的為了減少廢棄、改善賣相、提高價值，而且範圍不限於牛，豬羊雞鴨魚等皆有，所以大量生產的漢堡肉、香腸、火腿、貢丸、魚丸，甚至是你愛吃的超大雞排、鹽酥雞也有可能，還有切出來大小和油花均一致的火鍋肉片，多的是利用黏著劑而重新塑形的重組肉。

　　經過加工與黏接的重組肉，內裡容易滋生微生物，沒有煮熟因此出現吃了會死人的大問題，然而你對牛有戒心，對其他的肉呢？

　　「碰到牛肉才有幾分熟的問題吧！其他的肉當然吃全熟，應該不會有問題！」一開始我也是這樣想，然而在幾個月前發現，發跡於台中的某家我最愛吃的炸雞塊吃起來怪怪的，那軟軟的感覺好像沒炸熟，這一次我買了先不吃，而是捏開來看清楚。天啊！這家炸雞塊什麼時候偷工減料得這麼厲害，以前只有一點點，現在是一大坨如漿糊的混合物，包覆一點點碎肉和碎骨，裡面的碎骨還有點紅，沒炸透也沒炸熟。

　　重組牛肉是否可以生食？曾在逢甲夜市看到噴火槍炙燒牛排，這股流行亦席捲全台夜市，客人可選擇口味、決定生熟度，但湊近一看，牛排大小與油花排列全是一個模子印出來的，不用懷疑，百分百是重組牛。

知名炸雞塊混合了許多粉漿。

席捲全台夜市的炙燒牛肉，是重組肉，而且是可以決定幾分熟的進化重組肉。

重組牛可生食，問題比十多年前王品集團重組肉沒煎熟更為恐怖。

食安權威文長安直指，十年前重組牛肉以蛋白為黏著劑，黏著劑會長菌，所以要煎熟才能吃；但十年後，重組肉的技術日新月異，除了黏著劑進步，更添加了防腐劑與調味劑，生食亦無虞，但結果更可怕，味道回不去了，身體也回不去了。

● 台灣第一次發生重組肉事件在民國93年，即王品牛排事件，發生地點在台中一家很大的倉儲公司。

● 台灣最常見的重組肉是香腸，什麼肉都放進去，統統灌進腸衣裡，最多放些調味料與硝（預防產生大腸桿菌），但香腸大家會弄熟吃，所以安全上不致產生太大疑慮。

● 好看又完整的肉可高價販售，剩下切邊切角的肉不具賣相，丟掉又可惜，但沒有人要，所以需要重組，重新成型。重組肉中價格最高的還是牛排。

● 切邊肉細細碎碎，需要黏在一起，可是黏著劑不能是漿糊，因為漿糊遇熱就硬邦邦不能吃，所以重組肉加的漿糊是兩種蛋白，第1種是遇熱不會變硬的蛋白，第2種是遇熱可變性的蛋白，最常用的是血漿蛋白、卵蛋白和濃縮乳清蛋白。

爆發王品集團重組肉事件之後，台灣重組肉的技術更加日新月異。

從肉的組織與切面來認識重組肉。

夜市等平價鐵板牛排的牛肉都泡過木瓜粉等酵素，如果沒有煎熟，口感十分噁爛。

- 但是這是10年以前的重組肉，只用蛋白做黏劑，所以會長菌，因此做成牛排或漢堡都要完全煎熟，不能吃5分或3分熟，否則會發生出血性大腸桿菌，吃了會死人。（美日歐均有死亡案例）

- 但是現在重組肉的技術完全不一樣，居然可以5分或7分熟，除了基本漿糊以外，另添加磷酸鹽做為非常溫和的架橋劑，吸水性也變強，重組肉不會乾澀，含水量改善了，而且磷酸鹽不會只有加1種，而是複方，非常多種，最多超過7種以上。

- 加了一堆磷酸鈉，產生很好的架橋和吸水效果，就有Q和軟的口感，還有非常好的緩衝效果，所以細菌就不會來了。

- 民國93年加工技術還不發達，重組肉只是加了些黏著劑而已，但如今科技太進步了，細菌不來了，重組肉就能吃七分五分三分熟，不熟的都可以吃了。（重組肉可以生食的背後原因，實在太可怕了，如果非要選擇，寧可吃以前全熟的重組牛肉，也不要吃現在3、5分熟的重組牛肉）

- 磷酸鹽對肉品加工有六大好處：一是架橋，二是緩衝，三是保濕，四是Q嫩，五是乳化，六是價錢很低，但只有一個缺點，就是危害人體健康，添加量太多，血液呈酸化反應，而且代謝時需要大量的鈣，但是這個缺點，不肖商人並不在乎。

- 如果嫌磷酸鹽不夠，再加黏黏的海藻酸鈉，口感更好，再加氯化鈣下去，硬度更適中，口感愈來愈棒。然而民眾看到海藻等字眼，都誤以為是天然健康的來源。

- 但這樣還是不夠，因為牛排多半吃原味，重組牛肉必須更好吃，所以要加調味料下去，就是前幾次所提到的宇宙超級無敵調味料，成本低廉，吃了不會口渴的GMP與IMP，前者有肉香味，後者有菇蕈味，再加其他緩衝劑、甜味劑等等，非常完美的調味，誰吃誰上癮。

- 不過還沒完，因為添加劑要耐高溫燒烤，以免破功後打成原形，因此再加耐酸耐鹼耐熱的甜味劑下去，一種是醋磺乙酯鉀，另一是蔗糖素（可別被蔗糖兩字所騙，就像酵母抽取物不是天然的一樣）。

牛肉要吃幾分熟？其實是考驗你對牛肉的認識。

● 蔗糖素與蔗糖完全無關，蔗糖素是三氯蔗糖，在酸鹼熱的狀況下都不會改變，所以身體很難代謝與分解，容易產生堆積。

● 綜合了以上添加與調味的重組肉，吃到肚子裡去，就會有一種「難以回家的感覺」，味道實在太銷魂了，風味實在太美好了，天然食物都被比下去了，但長期吃下去，人不會死（但以後想死，也不會死那麼快）。

● 近年來在夜市裡爆紅的燒炙牛排，每一塊都長得一樣，價格又平實，現點現烤現吃，聲光效果極佳，但仔細看，全是重組肉。

● 重組肉不光是牛肉，雞肉亦然，例如連鎖店賣的炸雞塊，夜市連鎖的無骨炸雞等等，多是重組肉，雞頭、雞腳、雞碎肉、雞皮等下腳料，全是重組肉的組合元素，同樣需要黏著與添加。

● 重組肉最大的爭議在「手碰刀切」，即使在冷藏環境中，容易生菌，尤其是沙門氏菌。

● 現在市面上很流行無骨炸雞（大雞排），若要無骨，只有2種方法，一是厲害的廚師花40分鐘去骨（不符經濟效益），另一種便是來自工廠，攪碎了再重組，做法同重組牛肉。

- 吃雞吃牛都有自然纖維，但重組肉煮熟後，很難辨識，但重組肉有一個共同的特點，就是極鮮極香極美味，就是吃一口，回不去了。
- 如何辨識重組肉，一有固定形狀，二為放在室溫不易變壞，三是口感均勻而多汁，四甜度鮮味均高。
- 如何避免吃到重組肉，方法很簡單，吃炸雞時不要選無骨的，自己吐骨頭比較安全；重組肉解凍後，很容易一撕為二，從接縫處裂開，但天然的肉不容易撕裂。
- 現在食品加工的技術，什麼都做得出來，重組肉比較多的是牛與雞，至於豬與羊的重組肉比較少見。
- 餐廳販賣重組肉一定要清楚標示，吃不吃，看自己。

(左上)即使是和牛做的漢堡肉，煎到全熟才安全。(左下)不知是什麼羊，肥瘦肉的分布如此不自然。(右)火鍋店的肉片也有許多是重組肉。

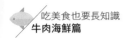
台灣牛王在嘉義

「阿牛阿牛，我古錐的阿牛，以後台灣黃牛產業全靠牠了！」若非親眼所見，絕沒想到人與牛之間的互動可以用幾近肉麻來形容。

一輩子採訪認真工作的餐飲相關人士，碰到的瘋子也不少，風塵僕僕來到嘉義尋找老朋友，堅持人道飼養和人道屠宰，台灣最高等級國產牛肉品牌鈜景老闆楊鎵燁，坐下來聊沒半小時，他突然坐立難安，丟下我跑回農場，隔天問他到底發生什麼事？「因為下雨了，我的阿牛還在外面吃草，怕牠淋雨會感冒，所以急著回去牧場趕牛。」

不管行程排多滿，我一定要抽空去會會這頭讓大老闆親自趕進棚才能放心的牛，這頭編號1067的阿牛。楊鎵燁看到阿牛，雙眼頓時發亮，立刻眉開眼笑，伸手撫摸擁抱，愛到渾然忘我，阿牛看到楊鎵燁也熱烈回應，居然表現出貓狗般寵物的撒嬌行為，不但發出興奮聲音，還用鼻子與雙頰摩擦主人的腿，人和牛隔著柵欄上演你儂我儂盡在不言中的不可思議親密舉動。

「我的阿牛駝峰小，耳朵小，嘴邊黃，脖垂肉，腳跟細，耐粗食，耐高溫，脾氣好，很好養……」楊鎵燁眼中的阿牛一身全是優點，可是我看來看去，牛就是牛，阿牛跟別頭牛沒啥不同，不過倒也讓我想起了美國那頭造福了整個和牛產業的日本公牛。

2006年採訪美國蛇河牧場（Snake River Farms），該牧場以極黑牛SRF品牌著稱，接待人員恭恭敬敬拿出一張日本和牛的遺照，說明這頭1991年從日本引進美國的純種日本和牛，為美國和牛產業打下基礎，當時日本人只願賣公牛給美國人，美國人就從本地挑選最棒的安格斯母牛來配種，而且混種再混種，整個美國和牛產業的子子孫孫都出自這頭日本和

↑精挑細選的種黃公牛，似通人性，像寵物與主人有互動。

↑乳牛做肉牛，一是泌乳量漸減的老母牛，另一種是價值低的公牛。

→別以為台灣牛肉是黃牛肉，其實以乳牛肉為主，黃牛肉現在重新開始。

↓你看過牛撒嬌嗎？楊鎹燁與他的阿牛寶貝之間，親密到不行。

牛，雖然該牛早已去世，但牛亡精未盡，生前取出的精子足以培育15萬頭以上的混種和牛，想必眼前的阿牛也跟那頭和牛一樣，肩負台灣黃牛產業的未來。

台灣肉牛是黑白花的荷斯汀乳牛而非黃牛，主要是年輕的公牛與泌乳量不足的淘汰母牛，楊鎵燁在3年多前花了上百萬元，從屏東畜產試驗所恆春分所陸續技術移轉600多頭的台灣純種黃牛，換句話說，全台灣大部分的純種黃牛都在他手中，而阿牛正是萬中選一的種公牛，黃牛場只有阿牛有小雞雞，整個牛棚有近五十頭母牛隨侍在側，這種不輸古代帝王的待遇正是希望阿牛快點兒讓母牛懷孕，母牛懷胎十個月生下小牛，小牛長到兩歲便具繁殖能力，代代繁衍直到7、8歲變老為止。

楊鎵燁對黃牛情有獨鍾，除了黃牛比荷斯汀牛吃得少、換肉率更高以外，把黃牛肉與兩種乳牛肉，包括閹牛與公牛放在一起試吃比較，黃牛肉硬是比乳牛肉更香更軟更好吃。

學美髮的楊鎵燁，10幾年前因為捨不得丟掉青割玉米、牛蒡、毛豆、馬鈴薯、紅蘿蔔等農作物所產生的龐大下腳料，所以異想天開著手養牛，想讓自家農場形成一個食物鏈，沒想到又因為不忍心看到自家養的牛被牛販灌水再宰殺，因此實施產銷履歷，成立鈜景品牌，又因為看不慣現宰牛分切過程的不衛生，於是引進澳洲屠宰分切冷藏設備而自創御牧牛與御牛殿，賣生牛肉的各種部位，也賣台灣牛的各色料理，造就了今日台灣唯一一家自產自宰自銷，無灌水無藥物殘留，有履歷和官方認證的嘉義鈜景的御牧牛品牌和御牛殿餐廳。

台灣第一品牌國產牛一切的源起，都是因為不捨，不捨得浪費農作物，不捨得非人道宰牛，不捨得好牛被糟蹋，不捨得台灣牛沒品牌，楊鎵燁為牛瘋狂不是沒有道理，根本抓不住自己，本來只想做自己農場的食物鏈，如今衍生成台灣牛產業的一條龍，而且是一尾巨龍。

評估台灣肉牛水準，牛肉最高可達美國CHOICE等級，但衛生安全不及格，尤其是台灣人愛吃的清涮牛，常溫保存最長六小時，澆淋熱湯照樣送下肚，雖然美味，但有風險。楊鎵燁表示，國人迷信溫體肉最新

→楊稼燡餵牛吃毛豆、牛蒡等農作物
的下腳料。

↓楊稼燡直接翻轉盤子180度,證明牛
肉沒泡水

鈜景採用進口牛肉的屠宰作業流程，牛肉預冷12小時才安全。

曾經拜託專家盲眼測試鈜景牛的等級，結果等同美牛Choice負等級

鮮，卻不知溫體、冷藏、冷凍、加工肉品等放在一起比較，溫體肉所孳生的細菌數最高，而冷凍肉最安全。

因此鈜景建立屠宰國產牛的衛生SOP，牛隻在屠宰場經過電擊、放血、去內臟、剝皮、大卸20塊以後，立刻送上冷凍車，一路低溫運回工廠，預冷12小時，直到牛肉中心溫度降至零度，再移進攝氏18度的分切室裡，由熟手進行更細部的分切、修清與包裝，最後放進攝氏0度至7度的冷藏室熟成7天，完成排酸與軟化的最後過程，牛肉才出貨賣給消費者，或是做成專賣店的牛肉料理。

為了證明飼養了18個月的鈜景牛在宰殺前沒灌一滴水，楊鎵燁與其他賣牛肉的人一樣，將牛肉切片排盤，然後翻轉盤子肉不落地，代表牛肉沒灌水，但是別人翻轉90度，楊鎵燁硬把盤子直接朝地面翻轉180度，而且停留超過1小時以上，牛肉別說滑落，而是文風未動，證明絕無虛偽做假，是真材實料的台灣好牛。

台灣純種黃牛肉料理去年首度現身在台北新光三越A4館地下美食街的御牛殿，除了刺身黃牛肉麵、涮涮黃牛肉鍋，還有每週供應量不到15塊的夢幻沙朗黃牛排，以及菲力與板腱牛排等。去了幾次，想點牛排，撲空居多，讓純種黃牛肉的滋味更加遙不可及，不過點個涮涮鍋，也不會讓人失望，高湯清澈而味濃，雙唇有牛骨的微黏，口腔有牛肉的鮮甜，飲後有蔬菜的清甜，至於黃牛肉則有淡淡奶香，只涮幾片肉，塞塞牙縫也值得。

↑吃一次就愛上的台南劉家莊牛肉爐,小老闆也翻轉盤子證明牛肉沒泡水。

↑來到御牛殿吃火鍋,會發現台灣牛的每一個部位都很香。

↑內行人推薦,有預定才吃得到的高雄湖東牛肉的牛扇心部位。

→台灣黃牛的肋眼牛排,有錢不一定吃得到。

↑台南劉家莊牛肉爐牛肉好又超值。

↑楊稼燡與A Cut主廚凌威廉一起測試當日現宰牛與已經排酸冷藏牛的滋味。

↑台南超人氣土產六千清涮牛肉,組織粒粒鼓起。

111

認識乾式熟成牛

2006年赴美採訪乾式熟成牛排教父Hans，首次見識有如乾屍的乾式熟成牛。

記不記得《穿著PRADA的惡魔》電影中，有一塊牛排連著盤子被女主角摔進水槽裡，買牛排是惡主管一大早交辦的工作，但事後卻裝出一副誰要吃那玩意兒的模樣，把女主角氣得半死，差點兒要離職。出現在這部電影裡的商品全是名牌，包括這塊牛排，出自美國紐約乾式熟成牛肉名店Smith & Wollensky。

2006年第一次跟著美國肉類出口協會到美國吃牛肉，某天一早前往Smith & Wollensky，不是坐下來吃牛排，而是鑽進熟成室看牛肉。陰暗的熟成室很擁擠，溫度很低，濕度很高，耳邊傳來陣陣抽風機的聲音，一塊塊風乾萎縮的牛肉讓我聯想到木乃伊的乾屍，甚至懷疑空氣中怪怪的味道亦是。

　　乾式熟成牛肉最近幾年在台灣高級牛排館相當紅，與過去常吃的濕式熟成牛排不太一樣，不但牛排表面比較焦黑，切下去也不會血淋淋，而且肉質更生更嫩，風味亦不同。其實乾式熟成比一般濕式熟成更早出現，正確來說，在冷凍冷藏設備尚未進步普及前，獵捕野牛，撕去牛皮，屠體對開，就這樣吊著風乾，這就是乾式熟成的源起。

　　牛被宰殺一分為二後，屠體在48小時內漸漸變僵硬，需要冷藏靜置才

能鬆弛。濕式熟成的天數為18至45天，以美國牛肉為例，牛肉再經分切，分級真空包裝，上船運到台灣，船運時間為18至19天，所以冷藏美國牛肉一到台灣就達到濕式熟成的門檻。

乾式熟成因為環境和設備等條件因素之下，方法有上百種之多，一般而言，溫度控制在0度上下，濕度在50至85％之間，空間必須通風良好，讓牛肉身上的晶質分解酵素產生作用，通常21天便可完成，但國外最高紀錄為400天（有人吃，還說好吃），台灣亦有廚師挑戰最高天數，例如：國賓飯店A Cut牛排館的凌維廉與Fresh & Aged牛排館的陳重光，兩人手中都擁有100天以上的乾式熟成牛肉，但風味如何，見仁見智，因為乾式熟成與腐敗發臭僅有一線之隔。

兩年前美國肉類出口協會駐華辦事處處長吳秋衡，請我品嘗Fresh & Aged的75天乾式熟成牛排，比臉還大的牛排很香，處長的臉卻很臭，原來台灣正流行的乾式熟成牛肉，在他眼中已經變成一場大災難了。

處長從北吃到南，其中不乏五星級飯店或高級牛排館，居然10家有超過5家以上的乾式熟成牛肉已經腐敗壞掉，吃起酸溜溜、乾巴巴，甚至臭烘烘，但店家仍堅稱此為乾式熟成的獨特風格，「沒想到台灣人真的很愛亂搞，也非常大膽，整條解凍的牛肉直接丟進冰箱裡，任其

美國肉類出口協會駐華處長吳秋衡，曾對台灣自行製作的乾式熟成牛提出警告。

首次看到乾式熟成牛肉在2006年，也是Hans服務的紐約牛排名店。

變黑變乾變臭，還能硬拗是乾式熟成，其實冷凍牛肉的細胞都凍死了，酵素也不能作用，別說是乾式，連濕式熟成都無法進行，牛肉擺在冰箱裡吹風一個月，切下去還是血水橫陳，是臭肉一條，沒有價值。」

在餐廳點用乾式熟成牛肉，價格比濕式熟成貴一成半至兩成半，因為風乾的牛肉表層必須完全切除，修清率達35%以上，由於成本很高，老闆捨不得，廚師弄不懂，導致客人經常拉肚子，但從未懷疑是昂貴的乾式熟成牛肉出問題。

以進口商為後盾的陳重光，在Fresh & Aged盡情實驗熟成牛。

這麼多年，一直有人問我乾式熟成牛肉和濕式熟成牛肉有什麼不同？兩者明顯不同在於肉汁多寡、肉質軟硬、甜度高低，乾式熟成牛肉的味道沒有濕式熟成那般血腥，但是更多風味的形容，我其實說不上來，除非今天廚師不想修清乾式熟成牛肉表面那一層像金華火腿般的外殼，牛排煎出來會有一些似是接近壞掉的酸陳味，正常來說，乾式熟成牛肉與濕式熟成牛肉的明顯風味區別，只有夠不夠小鮮肉而已。

可是那天到Alexander's Steakhouse台北店品嘗一塊乾式熟成45天的紅屋牛排Porterhouse，我的舌尖上竟一一出現外國人對乾式熟成牛肉寫下的具體形容，而且就在紅屋牛排紐約克近T字骨那一塊肉上，我感覺到堅果、軟木塞、起司、木頭、菇蕈、火腿等種種多樣的變化，不過這樣的風味在菲力那一邊完全沒有，菲力只是像豆腐一樣嫩，但肉味甜度明顯升高。

之前曾經有人說Alexander's Steakhouse賣的乾式熟成牛排是壞掉臭掉的牛排，我第一次吃是剛開幕，吃到的熟成天數為28天，而且部位為肋眼，就是很香很軟很甜的肋眼，今天吃到45天的紅屋，著實令我大吃一驚。

Nº168 PRIME牛排館從大直進駐SOGO百貨敦化店。

愈來愈多牛排館把乾式熟成牛肉當成一種展示。

Alexander's Steakhouse乾式熟成45天的紅屋牛排，在紐約克近骨處吃到乾式熟成的各種風味變化。

Alexander's Steakhouse台北店
主廚James Brownsmith讓我吃
到乾式熟成牛最迷人的變化。

10年之後，有幸邀請美國乾式熟成牛教父Hans，親自
上廣播談牛肉。

Fresh & Aged牛排館乾式熟成75
天的牛排。

　　美國來的主廚James Brownsmith問
我，這種味道好不好？我不能說好或不
好，因為這是一種味覺的新挑戰，明明
是肉，嚼在嘴裡卻不是肉，我先生保師
傅吃了一堆，說他想念肉的味道，而我
吃了一小塊，卻回味無窮。

　　Alexander's Steakhouse是華僑在台投
資成立的餐廳，也是美國西岸唯一一
星米其林牛排館，今年分店將開到東京
去，很多人批評它賣的牛排太貴，所以
最近他們下修了價格，也調整了菜單內
容，想一想，即使也強打乾式熟成的名
人牛排館，也沒有這種吃一口，被丟進
森林裡，浸到紅酒桶裡，吊起來風乾的
各種絕妙聯想。

↑一生一定要吃一次的美國乾式熟成牛排館 Peter Lugar。

↓A Cut乾式熟成的宜蘭櫻桃鴨胸,皮酥肉嫩。

↑華泰飯店集團二代陳昶福經營驢子餐廳,也設計自己的熟成室。

↑有了愛吃牛肉老闆的支持,凌維廉主持的A Cut牛排館也有特殊乾式熟成肉。

↑華泰飯店集團廚藝總監Fudy,用各種方法炙烤美味乾式牛排。

117

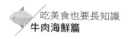
專家教你煎牛排

　　記者生涯30餘年，大部分的日子專攻吃喝玩樂，採訪過的牛排館不計其數，每次採訪都要問主廚同樣一個問題：「如何煎好吃的牛排？」

　　完整回答這個問題，並親自示範，而且讓我印象非常深刻的有兩個人，一位是號稱台灣牛排教父的鄧有癸，另一位是美國西岸米其林一星牛排館Alexander's Steakhouse主廚馬克・奇莫曼（Marc Zimmerman）。

　　以鐵板燒跨足到牛排館，獲得空前成功，並被媒體封為牛排教父的鄧有癸，最近幾年開店都有新梗，不管是做顧問還是當老闆，一塊牛排在不同店裡各有不同展演方法，在國賓飯店A Cut牛排館指導時，牛排要先浸橄欖油增肥，或到低溫烹調機游泳，琵琶別抱跳去維多麗亞酒店N°168時，他煎牛排的道具與工序又更加複雜，令人眼花撩亂，拉開冷藏抽屜說是牛排專用的休息室，並在大大的烤爐裡撒上幾把木屑，讓牛排染上燻味，小小的一個動作，又一次引領煙燻潮流。

　　自己當老闆，店名就叫「教父牛排」，店裡除了超級烤箱、鐵板燒檯以外，還配備一座燃燒木炭加柴火的可變式烤爐，轉動輪軸收放鋼纜，烤肉鐵架可上可下，牛排離火可遠可近。

　　雖然不知道生意好時，爐台還有沒有時間費力地轉上轉下，架起營火自玩野炊，但鄧師傅每每出手，都超越自己，睥睨對手，也令人眼睛為之一亮，或許是鐵板燒師傅出身，入行超過40年，懂得察言觀色，更會表現自己。

　　不過老實說，幾年前在乾式熟成牛排剛引進台灣時，曾針對幾家牛排館進行相同部位的口感測試，鄧有癸親手煎的乾式熟成牛排，是我吃過最好吃的，因為別的師傅煎起來都乾巴巴，唯有經過他的手，牛排

外酥內嫩，見紅不見血，嚼起來
還有肉汁。

可是現在想吃一塊牛排教父親手
煎的牛排可不容易，而且最近這幾
年專精牛排這一門的師傅愈來愈
多，有人從設備下手，有人掌握肉
源，有人專攻熟成，讓吃牛排這檔
事擁有更大的討論空間。

值得一提的是，鄧有癸在多年前
把肋眼一拆為二，薄薄的那層肋眼
蓋（又稱肋眼眉）命名為老饕牛
排，成為高價牛排的代表，而留下
的那塊肋眼心，則重新命名為肋眼
菲力。然而坊間有不少不老實的店
家，竟將肋眼心充當肋眼來賣，並
沒有清楚標示部位，消費者開心吃
牛排，並不知道已經被偷走了一
塊，而且是最好吃邊邊的那一塊。

邀請鄧有癸上廣播，他大方公開
如何煎好一塊牛排，從他的流程看
出對煎牛排的細節用心，好吃的牛
排真的不簡單。

(上)台灣牛排教父鄧有癸，是公認最會煎
牛排的人，但是能不能吃到他親手煎的？
得看緣分。(下)牛排教父鄧有癸公開煎牛
排的步驟，在家也能煎出完美牛排。

119

鄧有癸傳授煎牛排：

一、煎牛排前先學會選牛排，除了鮮度、油花與部位以外，牛排的厚薄決定了牛排的美味程度。

二、愈薄的牛排其實愈不好煎，因為熱力快速穿透，牛排很快就熟了，肉汁全跑光光。想要煎出一塊好吃的牛排，建議厚度不得少於2.5公分。

三、鄧有癸透露，4公分厚的牛排煎起來最好吃，但大多人還沒吃，看了就害怕。

四、冷凍牛排在前一天移至冷藏至少24小時，確定牛排全退冰了再拿出來，放在盤子上包好保鮮膜，靜置30分鐘。包保鮮膜可速達快速熟成的效果。

五、找一把厚一點的平底鍋來煎牛排，厚鍋子容易吸收熱能，冷牛排一下鍋，還能維持一定的溫度，若是薄鍋子瞬間變冷鍋子。

六、有人煎牛排喜歡放很多塊一起煎，建議一塊一塊煎，較能掌握生熟。

七、開大火將平底鍋空燒30秒至1分鐘左右，感覺鍋子很熱很熱，加入奶油或是從牛排上割下一小塊牛油來煎，兩面各煎2分鐘左右，接著將牛排取出靜置一下等熱力滲透入裡，把鍋子擦乾淨，重新加熱，將牛排回鍋再煎一次。

八、牛排煎好，不要馬上切割，再靜置5分鐘，使肉汁鎖住，不會迸發溢流。

第二位顛覆我對煎牛排方法的人，是美國Alexander's Steakhouse主廚馬克・奇莫曼。2010年應美國肉類出口協會的邀請，赴美參訪肉牛產業並試吃知名牛排館，那幾天從東岸紐約吃到西岸舊金山，朝聖美國首屈一指的乾式熟成牛排館Peter Lugar，也見識到跟A Cut非常相似的名廚餐廳BLT，採訪肉牛交易市場、品嘗新興部位牛肝連牛排，最後一站在舊金

貼身採訪Alexander's Steakhouse主廚馬克‧奇莫曼，才知道煎牛排不同的方法。

最難煎的牛排，莫過於這塊在炭火上動個不停的戰斧牛排。

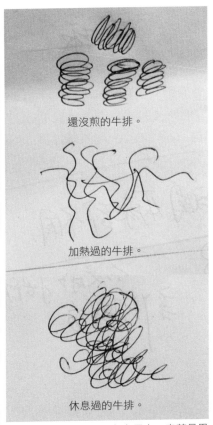

還沒煎的牛排。

加熱過的牛排。

休息過的牛排。

Alexander's Steakhouse主廚馬克‧奇莫曼用三個圖案形容煎牛排經過休息後，變化的組織可鎖住肉汁。

山Alexander's Steakhouse，採訪全美和牛銷售量最多的頂級牛排館，大啖長度超過40公分的戰斧牛排。

　　返台不久，戰斧牛排在晶華酒店開賣，造成不小的轟動，2013年正式邀請主廚馬克‧奇莫曼來台客座，馬克提早幾個月來台尋找食材、確認設備，就在那時，他煎了一塊戰斧牛排，顛覆了我對煎牛排的印象。超過5分鐘的煎炙過程中，馬克的手沒停過，這塊牛排像是屁股長針的小孩，在煎烤檯上挪來挪去，沒有一秒鐘安分，馬克說，這種很忙碌的手法，是為了在牛排表面燒出一顆顆的細小焦粒，焦粒愈多，吃起來愈香。

　　除此之外，這塊戰斧牛排休息了很長的時間，才再度回到煎烤檯上，

當時對於休息之於牛排的作用不太了解，所以馬克隨手畫了三組不同的圈圈，跟我解釋牛肉的組織，生牛肉的組織像規則排列的彈簧，加熱後彈簧撐開變鬆，若不休息而立刻切開，肉汁便會流光光，但是休息了一陣子，彈簧不但回彈，還交纏在一起，就此把肉汁鎖在裡面。

這一段實演加繪圖的煎牛排原理實在太精采了，讓我知道多汁的牛排，靠的是休息，但休息理論也被部分師傅提出討論，究竟牛排要休息多久？又要休息幾次才夠？當然也有一些人更計較，是讓牛排休息變冷，還是趁熱吃比較好。

Alexander's Steakhouse台北店主廚James Brownsmith表示，幾年前某米其林名廚針對煎牛排要不要休息進行實驗，他的助理在兩塊牛排上亂踩一通，沒休息的牛排留出一杯油汁血水，有休息的則很少，證明牛排要多汁，大火煎封表面之後一定要休息15分鐘。但是要休息幾次？James Brownsmith說通常是一次，但兩、三次的效果也許更好，不過得確定客人能接受冷牛排。

美國肉類出口協會駐華辦事處處長吳秋衡，一輩子鑽研牛肉，研究了近30年，他曾在中廣流行網「王瑞瑤的超級美食家」傳授在家煎牛排的方法，他在乎的不是用什麼鍋子，而是溫度，以及煎炙與靜置的交互運用，鎖住肉汁，酥化表面，弄懂原理，即使是一只不沾鍋也能煎出好吃的牛排。

美國肉類出口協會駐華辦事處處長吳秋衡傳授煎牛排：

一、牛排厚度：最好是肋眼、菲力、紐約克等部位，牛排厚度以2.5公分最佳。

二、牛排溫度：下鍋前，牛排溫度必須是室溫，若是冷藏肉，下鍋前40分鐘取出，若是冷凍肉，前一天移至冷藏，同樣下鍋前40分鐘自冰箱取出，讓中心溫度與室溫相同。

三、鍋子溫度：平底鍋乾燒至攝氏120度C以上。

四、第一次煎炙時間：牛排貼平放下，開大火直催計時1分鐘，翻面再煎1分鐘，再旋轉牛排的四邊各煎30秒。

五、第一次靜置時間：取出牛排，放在冷盤子裡，靜置30至40分鐘。

六、第二次煎炙時間：鍋燒熱，轉中火，牛排二次下鍋，兩面各煎1分鐘。

七、第二次靜置時間：同樣取出靜置，再休息20分鐘。

八、第三次煎炙時間：開大火，鍋燒熱，牛排三度下鍋，同時撒下鹽巴，快速煎烙兩面焦化，即可盛盤。

至於在家煎牛排，幾分熟是否能隨心所欲？吳處長說，確認幾分熟，要學會「自摸法」，煎牛排的同時，要隨時按壓表面，來判斷牛排煎到幾分熟。摸起來如耳垂：三分熟；摸起來如臉頰：五分熟；摸起來如鼻翼：八分熟。自摸斷生熟，這招你學會了沒！

（不過自己在家實驗，發現自摸法執行起來有點兒困難，首先我沒有經常無故按壓耳垂、臉頰與鼻翼，所以觸覺並不敏感。再者，因為要先摸牛排，再摸自己，這之間到底要不要洗手，搞得我手忙腳亂，牛排最後還是太熟！）

美國肉類出口協會駐華處長吳秋衡教大家用一只平底鍋煎牛排。

我先生曾秀保保師傅在家用法國銅鍋煎出來的牛排。

豆蛋奶 篇

豆漿味道不對了

我非常喜歡喝豆漿，小時候家裡經常煮豆漿，我喜歡黃豆瞬間被打碎爆出來的生味，也喜歡豆漿滾沸後的滿室生香。

以前自己在家做豆漿很費勁，棉布袋又厚又硬，用了第一次就發黃，用了幾次就長黃黑斑，很不衛生又難用。

在喝了幾種市售瓶裝豆漿後，最後我只喝義美的，除了早期只有它有賣無糖的，義美豆漿的味道最接近用生豆煮的，不似粉沖，也沒有另外勾芡，更不會有怪怪的香料味。

看了電視購物，聽了名主播推薦，買了超級無敵的Vita-Mix之後，試著照它的食譜，先將黃豆蒸熟，再加熱水攪打，但喝起來根本就不是清香清澈的豆漿味道，而是熟豆泥汁，讓我非常不能接受。

就像豆漿機一樣，早期剛上市時也要浸豆、攪打、煮沸、過濾，所以味道很接近傳統自製，但可能為了縮短更多時間，豆漿機也進化到直接把豆子煮熟打汁，雖然推廣者論營養言之鑿鑿，我聞味早已逃之夭夭。

有一次跑到宜蘭製作《中國時報》用吃愛台灣系列專題報導時，看到逢春園民宿老闆娘許麗華許姊在早餐時段所供應的豆漿，也是從蒸黃豆做起，因為她也是看Vita-Mix的食譜學的。

隨行師傅前一天先泡生豆，隔日早上再用當地紅茶泡出來的茶湯當水打豆取漿，設計出非常有餘韻的蜜香茶豆漿，讓老闆娘大為驚豔，直呼這才是外面豆漿店賣的味道，我才發現，原來豆漿早已不是豆漿！便利的工具包括調理機和豆漿機，鼓吹全食物全營養的概念，加上養生風的推波助瀾，逐漸改變食物的傳統味道，甚至取代了原來的名字。

日前去台東擔任「一個人的產地到餐桌」的評審，認識了原來在苗栗

↑台中小農種植的台灣有機黃豆。

→黃豆就是變老的毛豆。

→黑皮青仁的豆子,打成的豆漿,
跟黃豆豆漿的滋味不一樣。

手工鹽滷豆腐店工作的師傅張志中，人稱豆腐哥的他在池上開了「豆芳華豆腐店」，他繪圖告訴我，泡黃豆不是看時間，而是泡到黃豆掰開成兩瓣，每瓣中央還有一條深色細線才剛剛好，而且混合台南3號和4號兩種台灣黃豆，才能表現黃豆的最佳風味。

這位從西岸到東岸築夢的豆腐哥，曾經跟目前當紅的豆腐達人學手藝，我記得這位達人曾說過煮豆漿不能只沸1次，要熄火再沸連續7次，豆漿才能滑順不澀口。

我從小到大煮豆漿，中小火加熱，大沸騰就熄火，中途絕對不離開，因為泡泡覆蓋豆漿，才滾沸便溢出，變化速度之快在眨眼間，用老爸教導的這個方法煮豆漿，從來不覺得豆漿會澀，所以忍不住問豆腐哥，真的非要7次不可？

他回答我，自己實驗，只消4次即可，煮沸太多次，豆漿香氣轉老。

他說的那條線加上到底煮幾次，緊緊揪著我的心。終於，我找了一天翻出冰箱中那包去年到手，極為珍貴的花蓮1號，並按照豆腐哥的說法，開火熄火7次煮成豆漿。

這幾天一個人悶悶的喝下2大壺豆漿，今天不信邪，拿出義大利進口有機黃豆，用我老爸的方法煮一次，從小到大熟悉的豆漿又回來了，我發現原來關鍵不在煮幾次，而是黃豆本身。

用吃愛台灣，可以是口號，可以是行動，然而發現從小到大吃的進口貨，一旦改成本地生產的，卻要面臨氣息全無，甚至要重新記憶它的味道，內心的驚慌失措，甚至懷疑自己的味覺是否出現問題？

就像在台中區農改場試吃4鍋加糖與不加糖的進口大薏仁和台灣紅薏仁，即使在眾目睽睽下，我還是投了我喜歡的加糖進口大薏仁一票，我就是喜歡它香香軟軟QQ，至於紅薏仁則被我定義到另一類雜糧，另一種不跟薏仁同類的薏仁。

沒有結論，無關好壞，味覺更新時時進行，美食探險可能至死方休。

豆漿該怎麼做才能上手？檢視操作過程與手中工具，其實最難克服的是過濾袋。

池上知名大池豆皮可冷凍宅配到府。

台東池上豆芳華推廣每個城鎮都有自己的豆腐店，為在地農夫的有機黃豆找到出路。

另外，跟我一樣愛喝豆漿，也自己動手打豆漿的好友Wall，多年前介紹我到迪化街購買桃園萬美食品行生產的「一心豆漿濾巾」，這是尼龍製作的過濾袋，讓原本最難的擠汁過濾這一關，突然變得有如神助，咕溜如絲襪質地的豆漿濾巾非常好擠，濾濾幾下再捏捏幾次，汁渣分離而乾淨溜溜，尼龍袋不吸水又不卡渣，晾起來吹吹風就OK。

結合我老爸教我，以及其他採訪和實做經驗，公布豆漿做法：

自製豆漿

準備：

黃豆或黑豆、清水、果汁機、馬克杯、豆漿濾巾、杓子、較大的鍋子、浸豆的盆子。

做法：

一、黃豆或黑豆取一個馬克杯的份量，洗淨多次再加水浸泡，冷水必須超過豆高很多，夏天浸泡8小時，冬天10小時。

（講究的池上豆芳華豆腐哥分享，豆子浸太久也不好，取一粒黃豆掰開看，每瓣中間還保留一條深色的細線，就是打豆的最佳時機。另外夏天浸泡黃豆小心天熱變質，可送入冷藏但需延長時間。如果用塑膠盆浸豆子，可以清楚聽到黃豆達達達的長大聲）

二、倒掉浸豆的水，取同一個馬克杯量出6至10杯的清水，分次用果汁機將黃豆加水打成汁。

（黃豆和清水體積比例為1比6～10）

三、利用豆漿濾巾分離豆渣與豆漿，可事先保留部分清水，像洗衣服般將豆渣再次揉洗出汁。

四、取大鍋，裝豆漿，鍋子一定要大，至少預留1/3的空間，否則煮沸的瞬間，豆漿會脹大冒泡，鍋子若不夠大而溢出，爐台很難擦拭。

五、開中火煮豆漿，擠汁產生的泡泡不必撈除，但可用杓子推開泡

(左上)好朋友在迪化街發現的尼龍濾巾,從此做豆漿沒有棉布袋發霉又擠不乾淨的困擾。

(右上)自己做豆漿,最難在擠漿,但是有了新式的濾巾,操作起來好方便。

(下)台灣種植的有機黃豆品種愈來愈多。

泡，讓豆漿透透氣，延緩滾沸時的瞬間長大。

六、見豆漿微滾沸，火轉小，靜靜等待莫驚慌，因為一旦大滾，豆漿就會起泡長大，不過只要立即熄火就能消泡。

七、豆漿一定要徹底滾沸才能喝，沒煮熟也不會有甘醇滋味，所以為保安全起見，並增加滑順口感，煮沸熄火，再開火再煮沸，至少3次以上。

八、豆漿靜置到冷透，再裝瓶裝壺移至冷藏，若想喝甜漿，煮沸後加糖。另外，豆漿在夏天容易變酸，可整鍋放進冷水中隔水快速降溫，確保新鮮。

九，豆漿DIY口訣：洗→浸→打→濾→煮，操作一次就上手，新鮮現做滋味好。

(左)到苗栗公館別忘記到穿龍豆腐店喝一碗台灣有機黃豆漿。
(右)在金門尋找和記油條，意外在附近巷弄發現傳統烹煮，未加消泡劑的好豆漿。

🍴 食譜大分享

蜜香茶豆漿：

　　做法同上，但打黃豆的清水改成玉蘭蜜香紅茶的茶湯，記得熱水沖泡茶湯，必須讓茶湯先冷卻才能操作，最後加入少許的乾燥茉莉花與蜂蜜飲用。

養生豆奶：

　　做法同上，在濾出豆汁後可加熟地瓜與熟黑芝麻少許，再用果汁機打碎，加熱時記得攪拌，避免黏底燒焦，同樣可加糖飲用。

爸爸的鹹豆漿：

　　小時候我老爸最愛吃鹹豆漿，但是用粉沖出來的豆漿，或是調理機打出來的豆泥，以及濃度不夠的豆漿，都不能做出像豆花般凝結的鹹豆漿。想喝鹹豆漿，豆與水的比例最好控制在1比6，至於為什麼豆漿會變豆花？靠的是白醋。

　　爸爸的鹹豆漿要準備：

　　略沖水且瀝乾的蝦皮、去鹹細切的榨菜末、油條、肉鬆、蔥花、香菜末、辣油、味精、白醋。

　　以上取適量裝進碗裡，沖入大滾沸的豆漿，先不要攪動，靜觀是否凝結，若還是水水的，表示醋加得不夠多，追加醋，再輕輕推，像變魔術一般的鹹豆漿就出現了。

豆腐乳也會變壞

　　門鈴叮咚一聲，自稱是某餐廳老闆的司機，過年前專程送來一瓶花椒辣油豆腐乳。

　　之前我才禁止我媽媽，三餐不能再吃爛麵線配豆腐乳，牙口愈來愈不好的老人家，現在專挑軟的吃，但是醫生已經發出體重過重、營養不良的警告。其實，我也愛吃豆腐乳，而且是各種口味全都愛。

　　吃過最臭的豆腐乳是中和「名揚坤昌行」，有一段時間我非常喜愛這種外省式的辣油豆腐乳，拿來搭配桃園馬家餅舖的老麵饅頭最對味，尤其是臭豆腐乳威力十足，一開瓶沼氣四溢，一入口夯味直竄口鼻，那股腐敗的臭香，連小強也圍著瘋狂轉圈圈。

　　看過分身最多的豆腐乳應該是苗栗「郭家莊玉英豆腐乳」，灌甜酒釀造，滋味偏甘醇，不過坊間有太多類似品牌魚目混珠，即使人在苗栗，想買到正宗出品也不太容易。

宜蘭一佳村的鳳梨豆腐
乳，有水果的香甜。

中和名揚坤昌行的豆腐乳是外省式麻油豆
腐乳。

捨不得吃完，放到不知道還能不能吃的香
港有利腐乳王。

吃過最高海拔的豆腐乳來自奮起湖唯一一家豆腐店，記得十幾年前隨
7-ELEVEN上山採訪奮起湖鐵路便當而意外發現，諸多媒體大筆一揮，
不出幾年，奮起湖的特產名單出現了「奮起湖豆腐乳」，色白、味甘、
質地易碎，我喜歡很單純。

吃過有芋頭味的豆腐乳出自花蓮「欣綠農場」，那一年花蓮縣長謝深
山請我在欣綠吃飯，然後跟我大力推薦豆腐乳，我高高興興收下。然而
父母官不知道的是，在那頓飯之前，早已採訪過欣綠的鹽烤吳郭魚等好
菜，同時愛上它的豆腐乳，而且早就在報導餐廳時附上了一段。

吃過最獨特的水果豆腐乳，是宜蘭「一佳村」的鳳梨豆腐乳，一開始
以為跟蔭鳳梨差不多的風味，卻意外多幾分新鮮水果的清甜。不過一佳
村堆疊豆腐乳塊跟別人不同，每塊之間的間隙特別寬敞，明明是買一大
罐，固形物卻令人意猶未盡。

吃過最接近鼻涕黏痰的豆腐乳是香港「有利腐乳王」，認識有利是香
港旅遊發展局的在地導遊所推薦，十多年前採訪香港美食，這位女導遊
看我真心喜歡吃喝，在我離港前一天私下買了兩瓶送給我。

我一方面開心收下私房禮物，另一方面又害怕塑膠瓶受不了高空壓力
而滲漏，弄髒了我在香港馬莎買的新衣新鞋，所以上了飛機非常不安，
還好豆腐乳有滲汁沒爆瓶。就喜歡有利獨特的滑順拉絲，味鹹重而不腥

(上)宜蘭晨露庄早餐有12+1道,燻豆皮、拌鴨賞等全是民宿主人自製。(左下)去奮起湖除了吃鐵路便當,還可以買豆腐乳當伴手。(右下)最囂張的晨露庄恁祖嬤A豆腐乳。

咸亨豆腐乳才開瓶，便聞到不一樣的濃郁發酵味。

臭，有機會到香港，一定再買兩瓶包在衣服塞進大行李箱裡賭輸贏。

吃過最老的豆腐乳，是2009年來台參加中華老字號展的紹興「咸亨牌腐乳」，該品牌在大陸江南創立時間近400年，腐乳顏色已近深紫，外觀確實與眾不同。當時幾塊豆腐乳盛裝在最廉價的粉紅色塑膠味碟裡，讓參觀者用牙籤隨便挖取試吃，台灣人不識咸亨，亦不知此物紅得發紫，是靠紹興酒、紅麴米等封缸兩年，而致外紫內黃，鹹鮮夠味。

我徘徊試吃，走了又回，很想厚著臉皮買下架子上，展示出來屈指可數的幾瓶，但終究不敢開口而打消念頭。（咸亨豆腐乳目前已經有貿易商進口）

吃過最囂張的豆腐乳是宜蘭晨露庄12道早餐配菜之外的那一小碟，讓住房客津津樂道，又念念不忘的「恁祖嬤A豆腐乳」。

民宿主人全家大小每年固定在清明節前後回家幫忙做豆腐乳，豆腐乳封罐後一定要等待60天，直到全年最熱的端午節才要開封，足足比別人多放20天。由於是給家人吃的豆腐乳，除了釀得更透，注意衛生，更不加防腐劑，許多變成家人的熟客才能預訂，至於為何叫恁祖嬤A豆腐乳咧？庄媽說，以前是叫恁阿嬤A豆腐乳，「但兒子的女兒小冰柚出生了，祖嬤抱曾孫，自然升格為恁祖嬤嘍！」

而眼前這一瓶，老闆交代，司機專送的花椒辣油豆腐乳，其實來自我

最愛的湖南菜館「1010湘」，這瓶是非賣品的調味料，用於茶樹腐乳雞等料理，記得首次見面在多年前，餐廳新菜發表會送給記者的禮物。

那年收到兩瓶，開了一瓶驚為天人，另外那瓶便非常捨不得開，一直放一直放，放了超過3年以上，終於開瓶，才知道豆腐乳也會壞，壞掉的豆腐乳就是一口霉味，而且之後不管怎麼刷牙漱口，霉味黏在口腔久久不去，非常可怕。

這瓶花椒辣油豆腐乳是我今年收到最輕的年禮，卻是我最想品嘗的滋味，因為曾經太珍惜而失去最佳風味，如今不想錯過而迫不及待。好東西到手，無論如何，別再等待。

(左)花椒辣油豆腐乳是1010湘的秘密調味料。(右上)外省豆腐乳攪泥，塗烤饅頭或烤燒餅最對味。(右下)豆腐乳炒雞片，是1010湘的招牌菜。

吃美食也要長知識

食安權威 **文長安**

- 霉有好幾種，白、黃、紅、青、黑等，金華火腿表面是青黴，也是產生風味的來源，但食用前要把青黴菌刷洗乾淨，因為抗生素盤尼西林便來自青黴。大陸安徽的毛豆腐是白黴菌，而近年非常火紅的紅麴是紅黴菌。

- 黴菌之中的黑黴和黃黴不能吃，特別是黃黴就是黃麴毒素，在花生等五穀雜糧中最常見，該菌最喜歡高溫高濕的環境，毒害肝臟甚鉅，所以白米變黃了，五穀類發霉了都不能再吃，豆腐乳出現黑黴也要立刻丟棄。

- 不過現代食品的添加物太多，若吃到發霉的或發臭的，都應該很開心，表示是無添加的天然食物，內心應該歡呼：「好棒啊，它發霉了耶！」丟掉它，再去買罐新鮮的，繼續支持它。

(左)大陸安徽毛豆腐是白黴菌，生著聞有臭抹布味。
(右)南門市場萬有全老闆田種禾懷抱金華火腿，表面長的即是青霉菌。

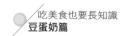
PRO等級紅豆湯

幾天前就想吃紅豆湯，尤其是濕濕冷冷的天氣。

以前採訪過許多人，他們都擁有煮紅豆湯的拿手經驗，包括有糕餅世家背景的前觀光局長，台東關山廟口前賣甜湯的阿嬤，當然還有許許多多的飯店師傅，其中包括只用銅鍋煮紅豆的日本達人。

從買豆（有屏東萬丹，高雄大寮，進口的，甚至在日本買回來的十勝豆）、浸豆、煮豆，嘗試過很多煮法，當中不管用什麼方法，一定要先浸豆至少4小時以上，有的用電鍋蒸，有的爐火煮，還有的要先燙過，再用極小火慢慢煮（燙，是為了去除枯草劑等殘留，這與採收法有關，雖然極小火效果極佳，不過家用瓦斯小小火很難控制，一下子就滾破皮）。

文章寫了一大堆，教人如何煮出綿密柔軟，飽滿又不脫殼的紅豆湯，但是一旦想吃紅豆湯時往往很猴急，根本連浸豆子都等不了。

直接從櫃子拖出那只沉甸甸的厚身快鍋，嘩一下倒入紅豆，扳開水龍頭讓紅豆在鍋裡繞圈奔跑，洗淨注水，然後旋緊鍋蓋，點上火，開最大，眼盯安全指示閥，等。

當初在SOGO百貨買了這只上萬元的進口快鍋，不是拿來粉碎大骨萃取高湯，也不想放入蒸架讓一鍋變三吃，更沒要放進兩串粽子搞定端午，買快鍋不是為了要特技、試極限，就像我從來不想用電鍋炒米粉炸豬油、電子鍋煮玉米濃湯，拿不沾鍋炒麻糬一樣。

這只快鍋當初吸引我和保師傅的原因是「密合度好」，所以密封下煮沸不會發出七七七的恐怖聲音，「別家快鍋煮紅豆至少15分鐘以上，我們只要13分鐘。」記得售貨員如是介紹。

正因為是安靜的鍋子，即使鍋肚子七上八下也不會發出哀嚎聲，所以

↖日本紅豆湯很甜，要搭配鹽昆布食用。

↑到台東擔任評審，意外在鳳鳴197咖啡店吃到用紅豆湯及綠豆湯做成的凍凍果。

←抹茶加紅豆等於宇治金時。

↓赴關西採訪，帶回紅豆湯即食包。

我眼睛不時要盯著那根灰色像藥丸大小的安全閥，看著它緩慢浮起來，直到露出最底部的那圈，厚度0.1公分的黃色指示圈，才能把最大火轉成最小火。

計時13分鐘，再等安全閥落下，時間也過了半小時，不過快鍋還是比較快。掀蓋添一碗，吃了一大口，嗯，全部倒回鍋裡，這紅豆熟是熟了，但快鍋時間差了，未達綿密的程度。

乖乖捧出大同電鍋，倒出紅豆水，把差兩分的紅豆放進去蒸（煮紅豆若水太多，就會脫殼流沙），蒸到確定綿軟了，再放回紅豆水，上爐煮沸，加糖完成。

幾天前就想吃紅豆湯，今天花了4小時用了3個鍋終於煮好了，卻想上床睡覺了，好累的一碗紅豆湯。

紅豆煮到裂開，豆沙還含著，才真厲害。

台灣人煮紅豆湯很單純，香港人煮紅豆湯習慣加陳皮，煮綠豆湯要加海帶或臭草（魚腥草）。

🍽 食譜大分享

台灣觀光協會會長賴瑟珍的紅豆湯

一、燙煮去澀味：紅豆洗淨，放進冷水裡，水淹過即可，開火直至水沸，瀝出紅豆。

二、微微火燜煮：紅豆入鍋，冷水高4倍，蓋上鍋蓋，開最小的火（不是只有內火，而是內外一起最小的火），夏天約1.5小時，冬天2小時。

三、脫殼除野味：取出1/3至1/2的紅豆，放入果菜榨汁機去皮瀝沙，再將紅豆沙放回鍋裡。（紅豆有一股野味，味道來自豆皮。）

四、二砂糖調味：600克紅豆，對上220克二砂糖，並把糖均勻撒入，開中火煮沸，立刻熄火。

五、耐心等入味：靜置等候1小時，讓糖分慢慢滲透到每一顆紅豆裡，便完成了賴會長家的PRO級紅豆湯。

（猴急想吃的我，通常跳過步驟三，皮薄沙飽的紅豆，真的很迷人）

紅豆湯怎麼煮最好吃？有請台灣觀光協會會長，前觀光局局長賴瑟珍口述家傳做法。

海派剉冰自己做

與晶華酒店宴會廳主廚蔡坤展暢談
吃冰。

曾經張羅上千桌尾牙的晶華酒店宴會廳主廚蔡坤展（外號白鼻），在「超級美食家」節目中透露菜單上找不到的宴會隱藏版「海派剉冰」。白鼻表示，海派剉冰一開始是直徑80公分，高度60公分的富士山雛型，「但碎冰的坡度太陡，容易引起土石流，所以改良成直徑60公分，高度30公分的緩坡大屯山狀。」

在節目中聽他口述海派剉冰的細節與做法，一旦看到實物，整個人忍不住high起來，這麼具有震撼力的一大盤冰，誇張放大了台灣冰品的特色，集合了台灣水果與甜湯的精華，到底是誰想出來的點子？「其實是老闆潘思亮要求，由我來負責執行。」白鼻說，積極在全球設點的大老闆，頻繁招待中國與外國客人，也想透過美食傳遞台灣文化，而巨無霸剉冰至少鋪滿十種材料，並依季節變化而有所調整，展現台灣的繽紛多樣與自由包容，所以屢屢在大型筵席或名人宴會中造成轟動，白鼻亦大方在中廣「超級美食家」公開教做。

看起來像年輕小夥子，其實快要退休的白鼻，教做剉冰算是雕蟲小技，而且其中甜料也可輕鬆變成單一甜湯或八寶粥，運用範圍非常廣泛，很重視健康與衛生的白鼻希望民眾在家輕鬆做冰、安心吃冰。

潘思亮的點
子，蔡坤展的
設計，在宴會
端出令人驚豔
又開心的海派
剉冰。

晶華酒店海派
剉冰的甜料超
過10種。

從下而上鋪
冰，甜料才不
會變溜滑梯。

海派剉冰充滿
戲劇效果，除
了巨大，而且
還會冒煙。

剉冰山需要挖土機才不會有土石流。

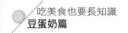
剉冰的堆疊要訣：

剉冰堆成大大大山形，豆餡等甜料不容易乖乖貼附，所以剉冰堆好後，先用兩支叉子像挖土機開山路一樣，從下而上刮出深淺紋路，甜料覆在上面才不會發生土石流。

剉冰的美味靈魂：

剉冰的靈魂無疑是糖水，而且一定要有焦糖香，專業做法是將二砂糖或黑糖放入乾淨無油的鍋子裡，轉最小火燒到邊緣焦化冒煙，以一份糖兩份水的重量比例，小心倒入熱水，煮到糖全部融化，就成剉冰糖水。

不過考量乾鍋燒糖太危險，也不均勻，白鼻有更安全的煮法。

鍋子裡先放小半碗水，再放大量二砂煮到融化，保持滾沸，見糖色從琥珀轉深紅，並聞到焦香味，再小心從鍋邊淋入小半碗水，糖全融化就成了。然而白鼻形容最後淋入的小半碗冷水像放鞭炮，民眾可得伸長手，盡量站遠了，沿鍋邊淋下，小心高溫造成噴濺。

此外，現成的煉奶、烏梅汁與草莓醬也可取代黑糖漿或砂糖漿。

剉冰的眾多配角：

一、蜜紅豆：

1、紅豆洗淨泡水一夜，若夏天很熱，移至冰箱冷藏以免變質。

2、隔天倒掉水，重新加清水，水高為紅豆1.5倍。

3、紅豆放進大同電鍋，外鍋先放兩碗水蒸至跳起，再放兩碗水，再蒸一次，將紅豆蒸熟變飽滿。

4、另取一鍋，加水少許，先放砂糖再倒紅豆，煮到收汁濕潤，表面發亮。

5、蜜紅豆放冷分袋，冷凍保存。

二、蜜花豆：

方法同蜜紅豆，採兩次蒸熟法，第一次像煮飯，第二次燜成沙，外鍋

欣葉小聚也有5L等級的超人氣紅豆抹茶牛奶冰。

水可斟酌加減。亦可把砂糖直接加進熱呼呼的豆子裡，直接蜜住，不過再煮一次，豆子表面會發亮，賣相更漂亮。

三、蜜綠豆：

綠豆宜選皮薄的毛綠豆，可直接蒸煮，用高於綠豆2至3倍的水煮至飽滿，之後步驟與蜜紅豆同。

（紅豆、花豆、綠豆都變蜜豆子，可分袋冷凍保存，想吃冰很快，想喝甜湯更快了，水煮沸，放蜜豆，再滾沸，加糖調整味道即成）

四、蜜蓮子：

蜜蓮子不能用新鮮蓮子，要用乾燥的湘蓮，而且蓮子一洗水就要開始蒸煮，不能泡水等著。

1、湘蓮洗淨，加水平淹再高一點點，入大同電鍋，外鍋加水蒸至脹大鬆軟。

2、此時不能翻動，否則蓮子就散成粉末，要趁熱且均勻撒上砂糖，外

鍋再放小半碗水，蒸到糖化即成。

3、同樣放冷分袋冷凍保存。

五、蜜花生：

花生要直火煮才好吃，煮沸時間至少一小時以上，當然也能用大同電鍋如蜜紅豆般製作，不過軟綿又不散裂的關鍵在買花生時，要指定去殼去膜煮湯專用的花生仁。

六、蜜芋頭：

芋頭一顆，去皮切開，埋在土裡的那一頭顏色較白、質地較鬆，可做成蜜芋頭；連結芋梗的那一邊有花花紋路，不易煮軟，留下來另有妙用。

1、去皮芋頭取下半身，切成十元硬幣的小丁，先冷凍一夜。

2、隔天先煮糖水，水不要太多，也不要不甜，凍芋頭直接丟進去，大火煮沸，轉小火再煮25分鐘。

3、熄火浸泡不要翻動，直到蜜芋頭冷透了，再分袋冷凍保存。

七、另有妙用芋頭變芋圓：

芋頭比較花的上半身通常很硬煮不綿，所以拿來做芋圓剛剛好。

1、芋頭去皮剉絲，蒸10分鐘變軟。

2、水少許煮沸，淋入太白粉水勾成芡汁，這是粿母，是芋圓彈Q的秘密。

3、芋絲加粿母加過篩的地瓜粉，揉到不黏手即可。

4、芋團搓長條，切小塊，入沸水煮至浮起即可。

5、芋圓未煮熟前，可冷凍保存，取出免退冰，直接入沸水煮。

八、地瓜圓：

做法同芋圓，但地瓜比芋頭濕，所以地瓜粉加得更多。

九、粉圓：

煮粉圓有技巧，大火沸水，才放粉圓，必須一直攪動直至水再沸，此舉可避免黏鍋焦底。火改小，任其滾沸半小時，撈出後沖溫熱水洗去表面黏滑，加入砂糖直接蜜進去。

十、糖鳳梨：

剉冰裡面若有煮鳳梨這一味，立刻就能喚起四、五年級生的青澀回憶。

1、買鳳梨，不要選太甜的，而要微微酸的。

2、鳳梨去皮切成三角小塊，鳳梨心亦可用。

3、取鍋煮鳳梨，加水平淹，煮沸後再加砂糖。

白鼻無私地公開許多剉冰甜料的蒸煮技法，但我滿腦子都在想，超商超市只有賣安全冰塊，要到哪裡去找沒有料又不加糖的安全剉冰咧？吃不到，頭更痛，去晶華，每盤2500元海派剉冰，得相邀10人以上才划算喔！

不管是什麼豆，都可以利用二次蒸法讓豆子鬆軟綿密。

芋頭一切二，煮不爛的拿來做芋圓。

煮粉圓學問大，有彈性，不爛糊。

蛋殼粗糙非好蛋

　　第一次邀請花蓮鄉庭無毒休閒農場老闆張進義阿義哥，來到中廣「超級美食家」的現場，聊到新鮮雞蛋的外殼應該是光滑而非粗糙時，馬上有聽眾到「王瑞瑤的超級美食家」臉書粉絲專頁表達正反意見，有人表示恍然大悟，有人堅稱蛋殼粗糙的絕對是好蛋，因為他家的雞所下的蛋，殼都是粗糙的。其實第一時間我想到我阿嬤，小時候去雜貨店買雞蛋，她總是叮嚀我用手摸一摸，雞蛋要挑大顆的、蛋殼粗的才新鮮。

　　那天是妗婆做五七的日子，孫女輩都要回家誦經，遠嫁給彰化蛋農的表妹阿貞，帶著她快三歲的兒子，以及兩箱雞蛋返家，她兒子定慧，雖然話還講不清楚，但每天睡完午覺一起來的固定工作就是撿雞蛋。

　　「他會分辨蛋有沒有破掉、表面有沒有黏雞屎，眼睛利得很，手腳快得很。」天天撿蛋，以賣蛋維生的人，當然知道蛋長什麼樣才叫新鮮。

　　「妳自己摸摸看，這是昨天早上剛下的蛋，蛋殼表面光滑，而且摸起來很硬，若是蛋的表面粗糙有顆粒，而且殼很薄，就表示母雞有狀況，不是老母雞就是病母雞。」表妹解釋。

　　原來不能用蛋殼光滑或粗糙來判別雞蛋新不新鮮，正確說法是母雞是否健康有活力，才能下出營養滿滿的好蛋。

　　幾年前在前花蓮農業局長杜麗華的推薦下，跑到半山腰上採訪張進義，從台電退休的他從來沒有養過雞，所以完全不諳行規養雞，興沖沖買了1000隻小雞，卻沒買保溫燈與飼料槽，最後雞隻存活不到300隻。因為不求量所以不用藥，阿義的雞場不怕衛生單位檢驗或動保團體突擊，是花蓮畜牧業的模範生。

　　阿義目前是全花蓮最大的蛋農，養的是法國伊薩蛋雞，每隻年產蛋率

可達250粒以上，他最喜歡徒手抓蛋黃來證明雞蛋的鮮度，「在蛋黃上插滿牙籤並不代表蛋新鮮，即使是放了很多天的洗選蛋，只要是冰過了就能讓牙籤不倒，這是一種障眼法罷了！」

　　一顆蛋前後經過四個人抓捏，蛋黃還不會破，證明新鮮雞蛋的組織很堅強，阿義結束了驚險的特技表演正色表示，好蛋用看的便知道，敲開蛋殼，打出雞蛋，很容易看出雞蛋結構有三層，除了飽滿隆起的蛋黃，蛋黃和蛋白之間還有厚厚的一層，而且非常明顯，平常沒觀察根本不知道。

　　討論了半天，才發現錯誤觀念，口耳相傳許久，若不認真計較，永遠不知對錯，而且專家就在身邊，不是名人，不是食家，就是認真生活的人。

→雞和人一樣，要自由快樂才能下出好蛋，鄉庭的蛋雞就很快樂。

↓好蛋有三層，蛋黃、蛋白和蛋水。

吃美食也要長知識

【蛋農】宜蘭 **張進義**／屏東 **徐陳秀蘭**／彰化 **謝富雄**

- 新鮮雞蛋的蛋殼絕不粗糙，而且摸起來又硬又滑，近觀表面甚至有一層細粉的感覺。

- 新鮮雞蛋的形況渾圓，若是比例怪怪的，甚至有點長形，表示母雞下蛋很困難，所以狀況不太好。

- 雞蛋蛋白若夾帶血絲，同樣表示母雞下蛋時有狀況，可能生病可能受驚，最好丟棄不食。

- 新鮮雞蛋打開後，除了蛋黃與蛋白不同色，結構明顯有三層，蛋白有兩層，一層結實一層略稀，若是無力老母雞下的蛋，蛋白呈水漾模樣。

- 新鮮雞蛋的蛋膜很厚實，一次即可撕下，可順便敷臉。

- 雞蛋的營養成分不會因為大小而有所差別，大的雞蛋是年紀較大母雞所下的蛋，小的雞蛋有可能是養生界追逐的初卵蛋，不過就像生小孩一樣，老大不一定比老么聰明長得好。

- 別以為有顏色的蛋就是土雞蛋，不肖蛋農把紅羽雞下的紅殼蛋當土雞蛋賣，土雞蛋的價格比一般蛋更昂貴，不要花大錢還把自己變土蛋。

- 土雞蛋的營養成分不會高過普通雞蛋，趁新鮮吃，不管什麼蛋都營養。雞蛋最好不要生食，弄熟吃最安全。

- 辨識一隻雞是放山或跑山雞，還是圈養或籠養雞，看雞爪就很清楚，天天運動的雞，雞爪前端有磨損、肉掌沒那麼肥厚。

- 成熟的母雞至少飼養4個月以上，若掏內臟時有黃色成串的小卵卵，就是足月的證明。

- 很多人以為雞皮很黃，就是吃玉米長大的玉米雞，其實不一定，尤其是雞皮黃得很不自然的雞，通常是色素雞，活著時候餵色素，死了泡色素染色，黃皮絕非好雞的特徵。

- 蛋雞無力下蛋，便加以淘汰，若還有賣相可做成鹽水雞，已不成形的便做成雞排、燒烤等部位切割，別以為老母雞燉湯特別營養好喝，最好少吃為妙。
- 真的有專業打針部隊存在，小雞不打針很難熬到長大，尤其是密集飼養很怕生病傳染，但不管雞是否有打針，雞脖子都不要吃，雖然肉很嫩，但膽固醇高，很不健康。

(左上)健康的雞蛋，蛋黃不輕易捏破。
(右上)伊薩蛋雞不怕人也不怕生，能輕鬆站在張進義手上。
(右中)曾經一度流行，每顆35元的宅配彩色蛋。
(右下)紅蛋殼不是土雞蛋。

食譜大分享

像彈簧床般的滷鐵蛋／林美慧老師的配方

　　林美慧老師每次上節目，總是帶給我大包小包的美食，全是她前一天製作的，其中的滷鐵蛋曾經介紹過，做法簡單，口味獨特，引起聽友莫大迴響。不用大料而是三種糖一口氣滷50個鐵蛋，可說自用送禮兩相宜，雖然名為鐵蛋，咬下去有一種在彈簧床上跳來跳去的感覺，不是硬邦邦的鐵蛋。

　　一、50顆雞蛋煮熟去殼。

　　二、取黑糖3杯、白砂糖1杯、冰糖1杯、醬油3杯、清水6杯，全部加在
　　　　一起煮開。（1杯為240c.c.）

　　三、放蛋，轉小火，蓋鍋蓋，煮3小時。

　　四、熄火，不動，浸泡5小時即成。

林美慧老師的黑糖滷鐵蛋，顛覆鐵蛋硬邦邦的印象。

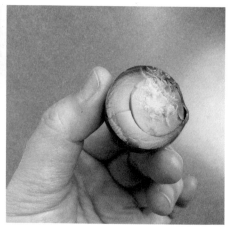

滷鐵蛋的斷面，清楚看出漸層。

天荒地老的漸層滷蛋／王秋桂教授的配方

　　漢學大師王秋桂教授，邀請我到金門，他所經營的民宿來喜樓作客，傍晚幫他剝白煮蛋，晚飯卻不見滷蛋上桌，大膽開口：「敢問教授滷蛋在何處？是否被遺忘在廚房？」教授回答：「傻丫頭，我的滷蛋不但用每斤6000元茶葉下去滷，而且會滷到明天下午妳玩耍回來當點心，還能打包給妳帶回台灣，坐在飛機上填肚子。」走到哪裡都有人疼，秋桂教授的漸層滷蛋，好吃在蛋黃，細緻粉綿，不會乾巴巴噎喉嚨。

　　想滷蛋，先滷肉，有五花，帶瘦肉，滷完肉，吃下肚，留滷汁，放茶葉，再放蛋，開大火，至滾沸，轉小火，半浸煮，可添水，調濃淡，從晚上，到白天，人睡覺，蛋不滷，人醒來，繼續滷，算時間，12時，才足矣。

漢學大師王秋桂教授以煉丹精神製作的滷蛋。

155

嘗過都說讚的校長茶葉蛋／梅可望夫人呂素琳

兩度赴梅家，第一年是採訪由皇冠文化所出版，梅夫人呂素琳所著的《嘗過都說讚！60道我們最想念也最想學會的傳統家常菜》，臨走時，梅夫人送我傳說中人人都搶著要的梅家茶葉蛋。第二年上門如同學生到老師家作客，梅家兩老笑咪咪，梅家姊妹忙下廚，滿桌好菜全在食譜之外，水煮紅蟳、野生明蝦、醬滷五花大肉、豆干炒肉絲等，我顧不得跟兩老說話，低頭猛吃紅燒牛肉麵，大嗑猶如鹹蛋黃般落日殷紅的紅蟳膏黃，盛情滿載化為道道佳餚。

嘗過都說讚的梅家茶葉蛋。

梅可望校長在今年以高齡99離世，梅家宴在我心裡永遠飄香。

一、洗乾淨的雞蛋，加清水滿過，放醬油與鹽巴少許，加蓋開火煮沸，旋即熄火，不掀蓋，靜置。

二、待手摸蛋不覺燙，取出蛋，輕敲裂紋，蛋回鍋，加砂糖少許。

三、梅家茶葉蛋最特別的地方是不用紅茶，而是清茶，還是上好的清茶，都是梅可望校長的學生與朋友所贈送的好茶，好茶滷茶葉蛋，滋味不同凡響。

四、用紗布包住茶葉與八角，放入鍋中加蓋轉中火煮沸，然後改小火煮10分鐘再熄火，仍然別掀蓋。

五、同樣手摸鍋子不覺燙，甚至有些溫涼，再開火煮到摸起來燙手就熄火，浸泡數小時即可。

保師傅的專業白煮蛋╱曾秀保提供

　　網路上曾盛傳，水煮蛋若在蛋白與蛋黃之間出現灰綠色，即表示這顆蛋有毒不能吃。曾經為了研究糖心燻蛋而煮過上千個蛋的保師傅，聽到這個傳聞哈哈大笑，直指是煮老的蛋，而非有毒的蛋。

　　火候最好的白煮蛋，蛋黃與蛋白之間必須乾乾淨淨，沒有出現髒髒的灰綠色，否則蛋已煮老，將糖心燻蛋的技法從香港引進台灣的保師傅，20多年前為了研究蛋的生熟度變化，實驗了上千個蛋，公布自己的經驗，用最簡單的方法教大家煮出最完美的白煮蛋。

　　冷水加蛋，水要淹蛋，開大火煮，煮到水沸，轉成小火，計時開始，就8分鐘，不多不少，時間一到，立刻撈蛋，浸入冷水，直至冷卻，敲裂蛋殼，非常好剝，正是超完美水煮蛋。

第一次在香港在甜品店吃到糖水
滷蛋，感覺還滿妙的。

鮮奶殺菌都一樣

有民眾購買義美鮮奶回家，打開後倒不出來，已經結成塊狀，懷疑義美鮮奶的品管出問題。看到這個新聞，我覺得很好笑，不知道這位投訴的民眾買了鮮奶有沒有第一時間跑回家，讓鮮奶繼續冷藏維持鮮度，而倒不出來的鮮奶，是不是變成了優格呢？買鮮奶變優格，老實說也不錯。

食安權威文長安，聽到我說買鮮奶要小跑步回家，還有鮮奶變優格的推論時，忍不住哈哈大笑，之前他說要上節目談鮮奶，我以為是對林鳳營鮮奶秒買秒退的事件表達態度，這一陣子滅頂運動持續延燒，尤其是食安相關判決結果讓大多數民眾很不滿意，所以化成更激烈的行動來抵制頂新旗下所有商品，其中包括我從小到大最愛用的味全。

像我一樣的五年級生，應該都會唱味全的廣告歌：「味全味全大家的味全……」，小時候的生活離不了味全，睡前沖泡味全的巧克力或水果奶粉，早餐配粥的醬瓜一定是瓶身獨特的味全花瓜，味全布丁的彈性說什麼就是比統一的好，味全不但是大家的味全，還是我的好朋友。

長大後對味全的依賴度減少，但近幾年來林鳳營在鮮奶市場中鶴立雞群，買鮮奶即使稍微貴一點，也非林鳳營不可，因為他牌沒有林鳳營的濃醇香，他牌不是我從小到大的朋友。

滅頂行動開始，第一品牌的林鳳營自然首當其衝，我先生也是我家大廚曾秀保保師傅也投入拒買行列，很愛逛超市的他開始尋找林鳳營以外的鮮奶，密集換購其他大廠，以及這一波興起的在地酪農小廠，結果發現國內鮮乳真的賣得好貴，一瓶一公升地方小廠的鮮奶最貴要價120元，味道也不見得好，所以他把焦點移到同樣擺在冷藏區的進口保久乳。

支持滅頂行動，開始尋找替代品，發現超市裡早有多款平價進口鮮奶，而且比國產的更好。

以前買鮮奶習慣小跑步回家，若是經過超高溫殺菌過，其實沒那麼容易變壞。

不管是用何種包材或殺菌方法，鮮奶一開瓶，還是得冷藏。

西華飯店點心主廚洪滄浪曾在節目中推薦鮮奶加冬瓜茶，不過不一定要用林鳳營。

來自美國、澳洲、紐西蘭、義大利、日本等國家的進口保久乳，有些全脂牛乳的價錢與本地鮮奶差不多，甚至更便宜，但味道明顯更純更香更濃，但味道自然香醇，平日愛煮叻沙麵、沖咖啡、煮巧克力和奶茶的他，用奶量因此減少，風味反而提升，從此以後我家正式向國產鮮奶說拜拜。

「不是，我不是要談林鳳營，我要談鮮奶的現況。」文老師上節目前露出一絲詭異的微笑。下了節目後，我覺得很多人都應該跟我一樣，感覺做了很久的呆瓜。

長期認為，鮮奶要冰起來，而且要快點喝，因為它的營養成分比保久乳或奶粉等其他奶要高，所以我願意付更多的錢買鮮奶來喝，買了鮮奶要小跑步回家快點冰起來，習慣買鮮奶時特別注意保存期限，愈接近出廠日我愈開心。

過去的觀念以鮮奶殺菌方式來決定營養成分的高低，但是萬萬沒想到，原來市售大部分鮮奶都已經是超高溫殺菌，所以看似冷藏的鮮奶，營養與常溫保久乳竟是一模一樣。

再換一個角度思考，既然是保久乳，可常溫保存，又為什麼要擺在冷藏區與其他瓶裝鮮乳一起販售？往好的方向想，是業者怕你找不到保久乳在哪裡？往壞的方向想，這又是鮮奶的另一種誤導。

廣告中總見喝一口鮮奶，上唇立刻長出白鬍子，看起來很好笑，其實打發過的牛奶才有這種誇張效果。

吃美食也要長知識

食安權威 **文長安**

- 農委會有規定，鮮奶不得添加任何東西，所以市售鮮奶只能進行均質、殺菌和包裝。

- 鮮奶的殺菌方法有：低溫殺菌、高溫殺菌和超高溫殺菌UHT。

- 台灣主要鮮奶加工廠有七家，其中有一家採取低溫巴斯德殺菌法，兩家是攝氏100度上下的高溫殺菌，其餘均採135度至138度1至2秒的超高溫瞬間殺菌，一眨間好菌壞菌全都殺光光。

- 不管是玻璃瓶、紙盒，或是塑膠罐，其實裡面裝的鮮奶全都是一樣的東西。

- 牛奶表層有奶油，過去用乳化劑均質，今日則利用壓力均質，讓脂肪分子變細，不會分層。

- 脂肪是牛奶香氣的來源，台灣乳牛多是荷蘭荷斯汀黑白牛，此牛高大奶多，但乳脂含量較低，在3.2至3.8%左右，所以味道不香。

- 另外還有美國澤西黃牛，泌乳量雖不高，但乳脂含量可達5%，黃牛與黑白牛的奶可混合出4.5%，所以現在喝的鮮奶比過去的香。

- 超高溫殺菌的鮮奶，等於經過了部分梅納反應，味道好，質地醇。

- 相關單位曾實驗國產7家鮮奶在攝氏25度約室溫下的變化，就pH值和生菌數的變化做紀錄，第一天都沒有太大變化，第二天高溫殺菌鮮奶的生菌數比超高溫多，第三天超高溫殺菌鮮奶的pH值下降，到了第7天7家鮮奶全都酸敗。

- 別再以為買了冷藏鮮奶就要快點回家，其實在未開封的情況下，冷藏鮮奶比你想像中的堅強。

- 曾有消費者買到未開封的鮮奶已經結塊，別以為這是買鮮奶變優格，

若是均質壓力較低再遇到腐敗菌，便會沈澱結塊，鮮奶從原本正常pH值6.8，降為4.6，表示已經酸敗，絕對不能吃。

● 食安愈來愈進步，鮮奶強調簡單配方，但簡單不是SIMPLE，而是CLEAN，誰的技術能做出簡單配方，能讓保存期限稍長，又能降低成本，誰就是贏家。

● 例如豆漿加消泡劑，誰都知道不好，但不加消泡劑，產量會下降，做食品的要把道德加進去，要把良心加下去，才是最重要。

● 不管是常溫或冷藏鮮奶，拆封就要冷藏保存。

● 喝咖啡和紅茶所使用的液態奶精和奶精粉，成份不是牛奶，而是植物油脂或部分氫化植物油脂添加添加物而成。

黑白牛的乳脂含量低，喝起來沒那麼香。

日本北海道的乳製品好吃，關鍵在乳脂含量較高。

茶餐廳常使用黑白奶，是罐頭奶水。

台南柳營農會的牛奶糖。

咖啡的好友從奶精到鮮奶，消費者愈來愈聰明。

柳營農會有養牛，自營各種牛奶加工品。

高雄樺達奶茶滋味濃郁醇厚。

青菜
醃菜 篇

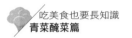
首富農場有機又有心

　　以為我與台灣首富郭台銘的關聯只有手上的這支iPhone，沒料到冰箱裡躺著那幾包青菜也是。

　　日前邀請永齡農場執行長白佩玉來上節目，聊到2015年11月，隨著大咖主廚香格里拉遠東飯店集團廚藝總監劉冠麟Eddie哥南下高雄，透過廣播繼續延續「用吃愛台灣」的精神，第一次造訪全國最大的有機蔬菜永齡農場，體驗一邊採菜一邊做菜的樂趣，，小白菜配點鹹鴨蛋，光加清水煮就甜得不得了，絲瓜去皮切片，做成煎餅竟吃得出咕溜黏液，平常我不太碰的秋葵與長豆，走油後與咖哩魚燒燴入味，跟一起幫忙的廚娘們搶到一根也不剩，人在農場吃什麼都甜，搞不懂是有機施種讓菜好吃，還是現摘新鮮就好吃？

　　2009年8月8日莫拉克颱風重創南台灣，由台糖出地，首富出錢，同年9月在土石流與漂流木匯集的高雄杉林區成立永齡農場，2011年12月1日落成，占地53公頃的永齡讓被迫離家而安置在附近的小林村、大愛村等居民有工作可做，能學一技之長。「永齡取自董事長父母的名字之一，永齡農場成立以來，有超過500位災民來來去去，現有員工上百人，有一半以上是布農族，我就是其中之一。」該農場推廣課長，不滿30歲的邱聖龍，離開山林來到平地努力學習跟過去截然不同的謀生方式，但他從來沒有想過有一天會成為永齡的發言人，甚至參與未來休閒農場的規劃與推廣。

　　首富郭台銘前後花了近8億元興建並維持，以無毒蝦起家的白佩玉在2015年1月接受首富委託，偕同夫婿劉吉仁以吉品養生為名進駐永齡農場，不到一年的時間秀出漂亮的成績單，支出減3成，菜價增4成，與同

劉冠麟Eddie哥牽線，南下高雄採訪全國最大永齡有機農場。

永齡農場利用風災的漂流木做景觀，左為執行長白佩玉，中為其夫婿亦是總經理劉吉仁。

永齡農場將有機蔬菜從簍賣改為小包裝後，每公斤售價從45元變98元。

布農族公主因為莫拉克風災，在永齡找到新工作。

期比較虧損少千萬元，「妳想不到永齡的有機蔬菜月產量最多可達120公噸，賣出去的菜居然是沒有品牌的簍裝批發，在我來之後，放棄批發搶攻零售，每公斤菜價從45元提升到98元。」

走進理貨包裝區，溫度變舒爽，不是讓工作人員圖涼快，而是為了替蔬菜保鮮，本來這區日打1500包，現在最少3500包。永齡全年種植300多種植物，其中8種綠色蔬菜最搶手：小白菜、黑葉小白菜、青江菜、菠菜等，還有高麗菜、紅蘿蔔、彩椒、栗子南瓜、茄子、玉米筍、高雄147號米、黑糯米、洛神等，以及首富郭台銘在公開接受媒體採訪時，一邊生食一邊叫甜的玉米，在已開發的35公頃有機土地上，興建上百座溫室，目前積極推銷宅配到府的蔬果箱，並將盛產農作物做成加工品，另規劃有機之旅的親子體驗行程。

我從來不覺得有機蔬菜和一般青菜在味道上有明顯差別，即使有人信誓旦旦表示「有機可以聞得出來」，我還是相信我自己的嘴巴和鼻子，直到那天在高雄永齡農場裡，吃了一口Eddie哥加了鹹鴨蛋提味的水煮小白菜，那股鮮明的清甜滋味令人無法置信只是水煮而已，或許跟有機無關，但肯定與新鮮有關，吃現採的蔬菜，充滿土地的力量，真的非常迷人。

白佩玉亦承認，有機是聞不出來也看不出來的，但新鮮絕對吃得出來，永齡在每天下午四時前完成分裝打包作業，所有蔬菜送進壓差室吹風降溫10分鐘，再移入預冷室等待明天一早宅配收貨發送，用最快的方式送到各通路，讓消費者感受有機的不同。

劉冠麟Eddie哥讓蔬菜變好吃的 10道食譜：

青菜若新鮮，清水煮白菜亦令人驚豔的白菜鹹蛋湯。

白菜鹹蛋湯：

一、小白菜洗淨，切成4公分長段。

二、水煮沸，菜入鍋。

三、早餐吃的熟的鹹鴨蛋，去殼切片，與菜湯同煮片刻即起。

絲瓜3樣：

一、洋蔥切長塊，絲瓜去皮去囊切一指幅寬的長條，川耳泡水發漲。

二、鍋中放一點油，先炒洋蔥，再放絲瓜，後加川耳。

三、加鹽巴加清水，煮沸翻拌，見絲瓜透，洋蔥軟，即可盛起。

四、擺盤分顏色，洋蔥墊底，川耳一撮，黑綠白排列，清爽從視覺到味覺。

絲瓜三樣是借力使力的菜餚，三者在口感、顏色、風味呈互補加分。

東洋魚拌炒芥蘭：

一、東洋魚就是日本鹹鮭魚，滋味鹹，取量少，亦可用馬友魚取代（馬友魚帶臭霉香，就是鹹魚雞粒豆腐煲的鹹魚啦）。

二、芥蘭洗淨，汆燙殺青，瀝乾入油鍋，加薑汁噴料酒炒至9分熟盛起排好。

三、鹹鮭魚切小丁，入鍋加油以小火煸香，連油帶魚直接澆淋在芥蘭上即成。

東洋魚拌炒芥蘭證明即使是汆燙的蔬菜，透過一些有味道的醃物也能大幅提升美味。

馬拉盞炒高麗菜表現與蝦醬和魚露截然不同的鹹臭鮮鹹。

海鮮冬瓜盅透過蒸燉的方式，讓冬瓜的風味完全釋放，並與其他食材結合。

青木瓜吳郭魚湯竟讓生木瓜的滋味變得清香又清甜。

馬拉盞炒高麗菜：

一、馬拉盞類似蝦醬，但比蝦醬更臭香，使用前先捏碎，用少許油炒開成醬。

二、熱鍋加油，先炒蝦米，再放鹹蛋，投入蔥段，加進馬拉盞，炒出奪人香味。

三、放進高麗菜，大火快炒4至5分熟即起。

海鮮冬瓜盅：

一、小冬瓜橫躺，從中切開，修平蒂頭處，令冬瓜站起來，挖掉囊與籽，並在切口處開淺鋸齒刀，做為刻花紋。

二、準備蝦仁、蟹腳、燒鴨、冬菇、熟金華火腿、豬肉、雞肉等材料，切成適口丁狀，放進冬瓜裡，並注熱高湯至8分滿。

三、冬瓜放進碗公固定，移入蒸籠，加蓋大火蒸30分鐘，加鹽調味。

青木瓜吳郭魚湯：

一、吳郭魚兩面開花刀，用多一點油煎到兩面赤黃，放入滾水中開中大火，蓋上鍋蓋熬成奶白湯。

二、半生熟青木瓜去籽去皮切塊，放入奶白魚湯裡，滾至爛，加鹽調味即可。

三、木瓜如地瓜般超級甜，還有一股清香味而非木瓜臭，魚湯色白味濃無腥氣，做法簡單，意外好喝。

咖哩秋葵魚：

一、吳郭魚兩面開花刀，放入大漏杓中，入熱油中炸乾表面。

二、薑切片搥開，大蒜與干蔥切末，紅綠秋葵過油瀝出。

三、熱鍋加油炒薑、蒜與干蔥薑紅蒜，炒出水分再加飛馬牌咖哩粉，一直炒出香味。

四、放入秋葵，投入炸魚，加水淹過，倒進椰奶與三花奶水，大火沸之。

五、撒紅辣椒粒，以鹽和糖調味，燒濃，煎乾，超級好吃。

原以為咖哩秋葵魚的秋葵和長豆都是配角，沒想到比主角還令人歡喜。

南瓜豆豉紅燒肉：

一、南瓜很硬，下刀小心，對開去蒂去尾去籽留皮，先切成吃西瓜般的上弦月狀，再直切成適口小塊。

二、炒鍋加熱加油，爆豆豉、蒜末，炒香南瓜盛起。

三、再起油鍋，爆香薑末，加五花肉塊，大火翻炒，逼出油脂。

四、一點老抽調色，加冰糖與清水，煮沸再下南瓜。

五、轉小火加蓋煮30分鐘即可，不是要燒很軟的肉，而是有咬頭，最多燒40分鐘即可。

六、南瓜甜又鬆，帶皮燜爛爛，家中有老人，多做南瓜吃，心情好快樂。

潮州水瓜烙：

一、取麵粉多，酥脆粉少，放鹽巴、白胡椒粉、少許糖和油，加清水打成濃糊。

二、絲瓜去皮，開四長條，切成厚度0.2至0.3公分的扇形，與絞肉、蝦仁一起放進麵糊拌勻。

三、炒鍋燒熱加油，倒入麵糊，攤平煎香煎酥兩面即可。

四、咬一口，甜到不可思議，口感又咕溜，充滿絲瓜露般的黏液感。

南瓜豆豉紅燒肉的南瓜吸飽了油汁與醬汁，靠五花肉而變豐腴。

前一天摘下的瓜所做出的潮州水瓜烙，居然有香甜的黏液感。

馬拉盞燒茄子有濃濃南洋風，配飯很棒。

馬拉盞燒茄子：

　　一、紫茄用削皮器間隔削，削出紫白相間的直紋，一開四切成條，過熱油備用。

　　二、蝦米先泡水，炒鍋燒熱加油，炒香蝦米、干蔥末、蒜末炒，再加絞肉炒到極乾。

　　三、將調成枇杷膏稠度的馬拉盞加入，噴料酒，放砂糖與干貝粉，加水濕潤之。

　　四、下茄子拌勻，再加水不用多，燒到茄子軟即可盛起。

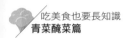

食譜大分享

Eddie哥的不一樣番茄炒蛋

第一次看到Eddie哥做番茄炒蛋，差點兒沒昏倒，這位年逾六旬的隨行主廚竟然不嫌重，從台北背了一袋番茄醬南下，即使永齡農場再怎麼偏僻，買個番茄醬有什麼難？但他堅持自己帶，原來不是你我熟悉的國產品牌，而是香港慣用的國際品牌美國漢斯。

「唉呀，你們從來不知道番茄炒蛋有多好吃，因為台灣人都用錯調味料。」

幾乎人人都會做，老少皆宜的番茄炒蛋，難在雞蛋的嫩度，但Eddie哥卻不，油燒熱，蛋倒入，老不動，一直煎成老蛋才鏟開，而且番茄不光是燙去表皮，連內裡的白色硬心也切除不用，更好玩的是，爆香用蒜和薑，中途才放蔥段。

滿滿一大碗番茄炒蛋，紅灩灩全是汁，一開始永齡農場的廚娘們客氣不敢下箸，但過了一會兒，整碗番茄炒蛋連汁默默消失，最後在討論料理時，大家嘰嘰喳喳豎起拇指說：「天啊！沒吃過這麼好吃的番茄炒蛋！」

一、5個牛番茄，屁股劃十字，投入熱水汆燙，直至皮裂開掀起。移至水龍頭下，用冷水下沖淋，番茄皮自動脫落。對切，除白心，再切塊。

二、5個雞蛋，加少許鹽巴打散，熱鍋加油，油不能少，倒入蛋液，攤成一張厚蛋餅，翻面再煎，兩面金黃，完全熟透，聞到濃濃蛋香，再鏟散成大塊狀，盛起備用。

三、起油鍋，先爆蒜末，投入番茄，再放薑片，翻炒出味，加糖少少、漢斯番茄醬多多，以及清水淹過番茄（不用懷疑，水要淹過喲）。

劉冠麟不一樣的番茄炒蛋，豔驚四座。

四、煮沸，下蛋，大火保持滾沸，最後試味調整鹹甜，再加入蔥段，拌幾下即起。

煎老的蛋吸飽了新鮮番茄與漢斯番茄醬的滋味，番茄和雞蛋融為一體，而不是貌合神離，更飽滿的酸香讓番茄炒蛋吃了會上癮，難怪一整碗連湯汁都被吃光光。

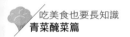
鹼水燙菜真黑心？

有聽眾私訊了一段影片給「王瑞瑤的超級美食家」臉書粉絲專頁，問我裡面所說是否屬實？一位廚師在某電視台的拍攝下，揭露自家餐廳用鹼塊燙芥菜心的「秘密」，還用色素做料理，不少人看了膽戰心驚，怕吃中菜遇到黑心。

其實這段影片不只一個人傳給我看，我記得有另外一家電視台可能找不到爆料師傅，所以請別人在家裡依樣畫葫蘆，燙青菜加鹼塊再演一次，很難忘記水煮一小鍋，鹼放一大塊，青菜綠油油也爛巴巴，這種菜若真吃進肚子裡，肯定當場胃穿孔。

這段影片一直沒機會拿給我的大廚先生觀賞，直到那天他在東方工商廚藝教室教做年菜，燙出沒有加鹼塊，依然綠油油的芥菜心時，我才想到曾經有這段影片，請他做解釋，未料看完影片的他竟在學生面前勃然大怒，直指這位爆料師傅口口聲聲說是老師傅教的，他只是照做而已，「他的用法全然不對，顯然入行時就沒學好，根本亂做亂講話。」

保師傅承認，民國63年做學徒，的確看過老師傅在沸水中加鹼塊，「是一大鍋水放兩粒花生米大的鹼塊，絕非一小鍋水丟入一大塊鹼，這全是在誤導。」燙菜加鹼有兩個目的，一個是定色常保蔬菜翠綠，二個是快軟節省烹調時間，常用於大規模的筵席中，而且用鹼水燙過的芥菜心一定要走水，把表面滑滑會刮手的黏液沖洗乾淨，否則芥菜心吃起來有苦澀味。「鹼本身有濃厚的味道，用這麼多的鹼還吃不出味道，基本上除非是沒味覺，否則絕不可能！」

退休後一直在推廣中菜基本法的保師傅表示，料理的方法很多種，鹼不是壞東西，洗干絲、泡百頁都要靠鹼來軟化，做麵條增加彈性、發老

(左)保師傅說，鹼塊燙芥菜心確有其事，但用量與方法全在誤導民眾。(右)用糖鹽水燙出來的芥菜心，不但可拔出苦味，而且放愈久，色愈綠。

麵平衡酸鹼、泡乾魷產生膨脆，這些全都靠鹼，還有中式糕點，甚至洗抹布也用鹼，除酸又除臭，重點在調製比例高低與正確使用方法。

　　保師傅說時代在進步，廚師也在進步，燙菜加鹼的方法不會比他加糖加鹽更好用，而且芥菜心還愈放菜愈綠，也不會變黃，更沒有怪味，而且不苦反甜。

曾秀保保師傅教你燙芥菜心

　　其實燙芥菜心和燙蠶豆相同，由於芥菜帶苦味，蠶豆有臭香，只要在沸水中加入大量砂糖和適量鹽巴，放入芥菜煮5至6分鐘即可撈出，糖要下很多，喝起來很甜，才能軟化芥菜又拔出苦味，鹽的分量要比喝湯調味更鹹一點，而且如此燙菜，不必再回鍋回炒調味，一舉多得。

　　此外，百頁與干絲發泡基本法雖然在《大廚在我家2：大廚基本法》有介紹，但是多數人仍不明就裡，甚至無法分辨好壞標準，以為百頁和干絲就是休閒點心薄豆干片的口感，無法體會雪白、滑溜、軟膨的舌尖意境。

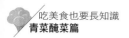

百頁發泡基本法：

一、**備鹼水**：買食用鹼塊，加入相同重量的水，煮沸溶化，即為鹼水。

（鹼水為鹼性，小心使用，勿觸眼睛與雙手，裝瓶蓋緊，收到兒童拿不到的地方，並清楚標示為強鹼）

二、**調比例**：鍋子先裝進攝氏45度的溫水2公斤，再倒下20克鹼水加以稀釋（鹼水是溫水的1%）。

三、**先浸泡**：2公斤稀釋鹼水可泡20至30張百頁，百頁如紙，一切為六，一片片放入稀釋鹼水裡，用筷子再壓進水裡，完全浸泡。

四、**後加熱**：見百頁從淺木色變象牙白（時間約為30至40分鐘左右），整鍋移至爐火，加熱至攝氏50度，離火浸泡1分鐘。

五、**走活水**：整鍋移至水龍頭下，以小水柱沿鍋邊走活水1小時。

（二次加熱法是保師傅自創，保證百頁又白又嫩，萬無一失）

此種百頁可用於雪菜百頁、百頁蒸肉餅等料理，連水裝進樂扣盒裡，取用時保持乾淨，至多可保存5天。

關於百頁結：

一、從百頁對折處下刀一開為二，以同比例稀釋鹼水浸泡1分鐘。撈出，捲起，打結。

（若不先浸泡就直接打結，糾結處不會軟，若泡太久才打結，很容易拉斷扯破）

二、打完結再放回稀釋鹼水浸泡50分鐘，原鍋移到爐火，加熱至攝氏50度，離火浸泡2至3分鐘。

三、同樣小水柱走活水1小時，亦可冷藏保存5天。

百頁結用於醃篤鮮、紅燒肉、南乳排骨、小腸結、雞湯麵，甚至與冬筍、木耳、蕈菇燴成素菜。

但要提醒的是，保師傅講究百頁柔嫩口感，以此法發泡的百頁結不能久煮久燉，使用前先用熱水汆燙15秒，再入鍋煨3分鐘即可。

↑愈來愈少人懂得用百頁製作百頁結。

↑百頁打結後要再回到鹼水中慢慢軟化。

↑鹼發百頁有一定的比例，濃度不可過高，
否則百頁爛光光。

←鹼水泡過的干絲要經過清水大量且快速
沖洗。

↙日本拉麵的勁道全部靠鹼。

↓蘭州拉麵的彈性來自蓬灰，蓬灰亦是鹼的一
種，與舊時燒稻草一樣。

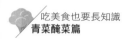
節瓜這樣最好吃

幾天前，在臉書上看到苗栗卓也小屋老闆娘鄭美淑老師，貼出一張節瓜的豐收圖，我立刻給她按個讚。我好愛節瓜，於是回貼一張煎節瓜的照片給她，並順手寫下節瓜最好吃的兩種做法，全都簡單得要命。

過幾天，鄭老師透過臉書，說要送我幾條節瓜，我早已眼饞心熱，先客套拒絕，又開心接受。

今天下了「超級美食家」節目，信步晃蕩走回家，餐桌上出現我想了好多天的香煎節瓜。

愛上節瓜是在2005年的春天，特別情商當時六福皇宮的韓籍總經理南基德，回家拜託他的老婆大人吳承姬，做幾道韓國家常菜給我採訪，好讓美食版也能搭上韓流狂潮。

韓國來的總經理本來就很難得，能深入天母的家中採訪更是破天荒，人一進門發現菜已煮好，打扮漂亮的吳承姬引我入廚房，看到三個蓋著錫箔紙的平底鍋，裡面各裝豆腐牛肉餅、節瓜與鯛魚片。

當下我立刻領悟到兩件事：第一件事，韓國人會用錫箔紙緊貼食物做為保溫，這個做法跟日本人相同，而且效果比鍋蓋還好；第二件事，使用打散的蛋液替代麵糊包覆食材，不管是煎是炸，味道出奇得香，中華料理好像沒有這一招。

豆腐牛肉餅是牛絞肉和中華豆腐一比一捏製而成，加鹽調味，剁點青色小辣椒，捏成五十元硬幣大小，沾蛋液去煎，節瓜和鯛魚一樣切片後沾蛋煎熟，南夫人說這三道菜都是開胃菜，並命名為蛋煎三味。

在此之前不識節瓜真味，節瓜最常出現在西餐，生食可搭配生菜做成沙拉，熟食則烙出焦痕裝飾肉類主菜，但用量皆是區區兩三片而已，大

裹蛋液煎節瓜，這招是跟韓國人學的。

半切成圓薄片，直徑介於小黃瓜和大黃瓜之間，然而不管生或熟，角色總是跑龍套，很容易被忽略。

沒想到煎蛋三味竟讓節瓜鶴立雞群，煎蛋下包覆的一公分厚節瓜片，由澀轉甜，質地微軟，入口爆汁，清香陣陣，瓜籽細細，綿而不爛。採訪結束了好幾天，內心仍念念不忘，那天不好意思在總經理家裡一個人霸占蛋煎節瓜不放，吃到快見盤底才禮貌停手，很想自己做看看，於是跑到微風超市找到瘦小的進口節瓜，每條售價竟飆破百元，忍住不買，過沒幾天終於在傳統市場看到綠皮和黃皮的兩種國產節瓜，每斤售價不到50元，實在太便宜。

不過第一次的蛋煎節瓜卻是失敗的，因為節瓜切口是黏滑的，蛋液也是，兩者很難滾來滾去黏在一起。我先生曾秀保保師傅建議我先在節瓜兩面撒上薄薄一層麵粉，再一片片沾裹蛋液，果然第二次蛋煎節瓜相當成功，每年只要到了節瓜大出的季節，一定買十幾條，回來沾蛋煎著吃。

選購節瓜不能太大條，曾經貪心挑大個頭的，回家切開瓜籽已熟硬，正如同過熟的絲瓜和胡瓜一般，籽長大了，節瓜老了，即使去籽，肉亦乾硬，棄之為上。

蛋液像麵衣，黏在節瓜上，綠圈透出，更加嬌嫩，我可以一邊煎一邊吃，煎完出來剩不到半盤，不用沾醬也不想停手，遇到節瓜的我，像秋風掃落葉全部吃光光。

卓也小屋鄭老師說這批節瓜來自附近的好珈農莊，她一直吃不慣節瓜的味道，所以轉送給我，我如獲至寶，非常開心，吃到當季最新鮮。

節瓜其實跟黃瓜同一國，可生食可熟食，我喜歡煎得半生不熟，不管切片沾麵粉裹蛋液入油鍋香煎，還是就這麼切成厚片用橄欖油清煎，透過適當的熱度，讓節瓜轉甜爆汁，軟脆不爛。保師傅提示煎節瓜的技巧：鍋要很熱，油不能省，手腳要快，兩面上色，即可夾出。

國外稱節瓜為夏節瓜或夏南瓜，吃了這一味，彷彿是提早召喚夏天來了！

↓九月間赴巴黎銀塔餐廳吃榨鴨，配菜正是我最愛的節瓜。

↑節瓜切成一公分厚度，用平底鍋加橄欖油，直接烙兩面，即使不熟也清甜。

↑節瓜有黃有綠，別選太大太粗，否則像老絲瓜一樣有硬籽。

←來台客座的東京米其林一星主廚Guillaume，在宜蘭綺香園找節瓜。

美食大分享

小南人，你想燙死我啊！

台南小南人又烤又噴水的厚工厚身烤節瓜。

在台南晶英酒店先在房間裡吃餅乾、嚼蜜餞、喝好茶，然後直奔餐廳品嘗7層海鮮蒸鍋、麻油牛骨髓、啤酒燒螃蟹、牧草心燉雞，以及額外加菜的你我他滷味之後，再轉往游泳池畔的水晶廊聽現場演唱，暢飲雞尾酒，試吃由台北南下駐店的法籍點心主廚羅蘭，為女性設計超有梗的雞尾酒巧克力棒棒糖。

想回房休息，公關Ariel拉住我，說要帶我去找男人。哇哩咧，這麼刺激！而且聽說這男人只有週五、週六、週日三天晚上6點到10點開門接客。「不是去找男人，是去『小南人』吃燒烤，而且不是吃肉，是請瑤瑤姊吃烤節瓜。」Ariel急急解釋。

「小南人」的菜單真簡單，4種烤蔬菜其中有我最愛的節瓜，其他是原株玉米筍，四季豆，馬鈴薯。故意選擇最接近老闆鄭百宏的位子坐下來，默默看他烤肉看到出神，水槍與油刷交替使用，一下子噴水滅火降溫，一下子塗油引火燃燒，食材在火水油中來來去去，整個頭鑽進烤台上也不怕燙，替四季豆一根根認真翻身好幾次，幫厚度超過3公分的節瓜做三溫暖又烘烤又離火，認真對待每個食材。

猴急張口咬下烤節瓜，馬上又吐出來，這、這、這實在太燙了！節瓜雖有形，但籽肉已綿軟，入口全化成汁，燒燙燙又清甜，「節瓜已到尾聲，每斤飆破200元了，而且我試過，只有仁愛鄉生產的節瓜烤透了會綿，其他地方的只是脆或爛而已。」

小南人阿宏的烤蔬菜是恰到好處的乾爽，放著也不出水，四季豆有隱約孜然香，馬鈴薯伴著明太子美乃滋，調味一點點，襯味而非奪味，燒烤手法極高明。

自己動手做泡菜

　　在好幾家社區大學授課，超人氣烹飪老師林美慧來上節目，表示臨時要改題，原來昨天她在黃昏市場發現高麗菜1斤賣8元。吃當季，吃盛產，正是時候，高麗菜除了清炒好吃，還適合製作保存期限達兩個禮拜的泡菜，非常值得推廣。

　　美慧老師教做的四種泡菜都非常熱門：黃金泡菜，臭豆腐泡菜，以及簡易韓式泡菜和蒜味泡菜，後兩項的主原料也是與高麗菜盛產季一樣的山東大白菜。

林美慧老師捨不得冬天菜價直直落，教聽眾做泡菜、多吃菜。

林美慧老師的黃金泡菜有濃濃的芝麻醬。

黃金（鴉片）泡菜：

一、高麗菜去心拆葉，用手撕片，稱重1000克，洗淨，瀝乾。

二、撒鹽巴15克，輕輕抖動菜葉不要亂抓，見其軟化出水，取冷開水洗去鹹味，瀝乾（不必用力擠水，只要瀝久一點）。

三、白醋120克、細砂糖4大匙、日式芝麻醬4大匙、紅蘿蔔1大條去皮切絲、韓國細辣椒粉1大匙、蒜泥4大匙，以上材料用果汁機打成醬。

四、取出拌醬，調入香油2大匙。

五、把高麗菜與醬拌勻，裝瓶封存一天即可食用。

臭豆腐泡菜：

一、高麗菜的處理同黃金泡菜一至二步驟。

二、砂糖1：白醋1，調勻至顆粒全溶化（若不喜太酸，白醋可降1/3），加入紅蘿蔔絲和新鮮辣椒圈，拌成糖醋辣汁。

三、高麗菜浸入糖醋辣汁，要完全浸泡到，早上做，晚上吃。

吃到臭豆腐泡菜就想吃臭豆腐。

利用養樂多調味的簡易韓式泡菜。　　　只吃一次，便破解模擬的蒜味泡菜。

簡易韓國（養樂多）泡菜：

一、山東大白菜1顆對剖，菜心處斜切兩刀，去心同時也讓菜葉散開。

二、洗淨，瀝乾，從菜幫子中間對切，再切成2公分寬的形狀。

三、撒鹽巴2大匙，輕輕抖動不要亂抓，見其軟化出水，時間約6至7小時，再把水完全瀝乾。

四、準備小蘋果2顆去皮去籽切丁、洋蔥1顆去皮切丁、白飯2/3碗、養樂多2瓶、泰國魚露2大匙、細砂糖4至6大匙，所有材料用果汁機打成醬。

五、取出醬，調進韓國細辣椒粉6大匙，以及去皮剉絲的紅蘿蔔1條。

六、把醬拌入處理好的白菜，蓋好蓋子，放室溫，不理他3天（3天是冬天的溫度，天冷加天數，天熱縮短）

七、揭蓋聞到酸酸發酵味，即可裝盒冷藏食用。

蒜味泡菜：

一、山東大白菜的處理同韓國泡菜一至三步驟。

二、白菜1顆加上蒜末半碗，以此類推。糖醋比例為1比1，同樣砂糖加白醋先把糖攪溶，放入蒜末、紅蘿蔔絲、香油，以及山東白菜，裝罐封存兩天可食用。

節目中也曾邀請釀造專家徐茂揮來教做泡菜，他傳授的方法著重比例，例如黃金泡菜的比例配方如下：高麗菜100％、鹽巴2％。調味料：

米醋12％（酸度4.5度）、細砂糖7％、芝麻醬8％、蒜頭3％、紅蘿蔔15％、香油6％、朝天椒粉1％、鹽巴1％。

台中區農改場邀請保師傅為耐熱高麗菜設計夏季吃法。

是不是有點看不懂？那是因為一般人做菜沒有精確計量的概念，高麗菜買一顆洗一洗剁一剁，撒一把鹽抓一抓出出水，然後挑一片吃吃看，若太鹹就用清水洗一次，這種蔬菜殺青法既家常又溫暖，好像婆婆媽媽的嘮嘮叨叨，但其中的誤差非常大，做菜憑感覺比經驗。

徐茂揮的醃漬法只談比例，而且所有材料，包括液體全要稱重，因為同樣一大匙的麵粉和鹽巴重量便不同，若是一大匙的固體與液體相差更多，因此記住比例做泡菜，才是最正確的方法。廚房必備工具除了鍋碗瓢盆，磅秤、計算機、溫度計也不能少。

國產高麗菜的品種很多，但台灣人最愛初秋，一吃60年不變心，但初秋很怕熱，夏天在平地種不起來，農民紛紛跑到武陵、福壽山等高冷山區種植。由於很搶手，市場價比其他平地的貴五成，所以種植面積愈來愈大，整座山林被挖土機夷平剃頭，有的坡度逼近60度，上下翻土深達2公尺，水土嚴重流失，加上雞屎等肥料隨水而下，衍生水源汙染等其他問題，讓農政單位相當頭痛。

夏天平地高麗菜以228號為主，228號梗硬、葉韌、包心緊，只適合包水餃，為了解決根本問題，農委會台中區農業改良場著手研究更多平地耐熱高麗菜，台中1號與台中2號在6年前陸續推廣，雖是平地種植，但口感不輸給中海拔的高麗菜。

去年台中區農改場找上我先生曾秀保保師傅，以新品種的平地耐熱高麗菜示範各種適合夏天的涼菜，保師傅除了教做鹽醃的殺青法，還傳授

速度更快的汆燙殺青製作，拌出爽口無比的白芝麻高麗菜。

雖然高麗菜要汆燙，還是一樣要清洗，瀝乾再切片。燒一鍋熱水，加鹽巴少許，水沸放菜，時間約30至40秒，即可撈起攤開放涼。如果加紅蘿蔔絲當配菜，則紅蘿蔔先下鍋，等30秒再放高麗菜，時間到全撈出來，殺青完成，時間不能長，火力不能小，瀝出來立刻攤平放冷，不要捂到。

保師傅調味一向不簡單，但這次卻從簡，想凸顯出新品種耐熱高麗菜的特質，傳授芝麻拌高麗菜。以高麗菜1公斤為例，配上紅蘿蔔絲120克、蒜末60克、乾鍋烘烤的熟白芝麻粒4大匙，以及香油4大匙、白胡椒粉1/4大匙、砂糖1茶匙、鹽巴和味精少許，抓一抓，拌一拌，馬上就能吃了。

高麗菜，又稱甘藍，日據時代引進台灣並大量推廣種植，喜歡吃高麗菜的你，總以為頭尖尖的就是高山高麗菜，願意花更多錢買也沒關係，然而尖頭並非高山菜的徵兆，是沒有根據的說法，以訛傳訛罷了。

山東家庭過年必吃的辣白菜，從小吃到大，直到有一年發現所謂白菜原來是高麗菜，因為又名圓白菜，所以菜名為辣白菜。

辣白菜更具體的形容是熗辣高麗菜，「熗」是重要動作，把熱油快速澆淋在花椒粒、細薑絲和紅辣椒絲上，讓有味道的香料熱油，往下滲透到酸甜的高麗菜裡，就完成熗的動作。

辣白菜既開胃又爽口，但再好吃也只有過年時才會出現，小時候山東爸爸教台灣媽媽做這道菜，這也是山東年菜中最簡單的一道，所以過年前由我媽媽負責料理。

去年父親以95高齡安然辭世，今年是第一個沒有爸爸的過年，心情一直未轉好的媽媽在幾天前不慎跌斷了手臂，連最簡單的辣白菜也不能做了。

不過沒關係，我先生保師傅看過老丈人做菜，而且精益求精的他又稍微改良了一下，抓到糖醋的比例，把以前辣白菜的滋味找回來，甚至更強烈，辣白菜被醋醃到褪色了，但真的非常好吃。

我家的山東年菜辣白菜：

備料：

一、高麗菜大一顆，小兩顆，外葉和嫩心不用，洗淨，剝小塊，手掌心大小，重約800克。

二、乾辣椒半碗剪成小環，紅辣椒4條去籽切細絲（以前爸爸做的是切小段，保師傅改切環狀），嫩薑一小塊切絲。

三、米醋150克，砂糖80克，鹽巴1.5小匙，花椒粒2.5大匙。

做法：

一、燒多一點水燙高麗菜，水大沸，菜放入，翻動變色見軟即瀝起攤開，裝進鋼盆裡。不能燙太久，否則菜不脆。

二、糖醋鹽一起撒入盆，細薑絲、紅辣椒絲和花椒堆在中央成一撮。鍋蓋準備好。

三、麻油半碗入鍋，再撒入乾辣椒慢火燒至油熱椒香。

四、冒煙的熱油一口氣澆在那一撮上面，立刻蓋上鍋蓋不要動。

五、靜待20分鐘，拌勻，靜置一夜即可入味。

年菜冷菜一做一大鍋，想吃好幾天的要訣，是用乾淨筷子取用。若取用或冷藏不當，很快就酸敗不能吃了。

用汆燙殺青手法做成的芝麻拌高麗菜。

我爸爸教的山東辣白菜，團圓飯必備。

學做東北酸白菜

　　看到程安琪老師抓一把鹽巴輕輕撒下，我默不作聲，認真回想我父母每年冬天製作的東北酸白菜，為什麼跟她做的不一樣？

　　山東爸爸每年過年前都會提醒台灣媽媽早一點動手做酸白菜，否則年到了，菜仍未發酸，年菜餐桌便少了一鍋。

　　小時候看爸爸醃大白菜，過程很隨便，砍開菜，燒鍋水，燙一燙，撈出來，晾一晾，填進甕，封起來，不管它，快過年，揭開甕，冒酸氣，酸白菜，變出來。爸爸的雙手一向很神奇，壞掉的東西被他摸過一定會修好了，白菜變酸菜，好像很自然。

　　大了點看媽媽做酸白菜，動作很謹慎，雙手洗乾淨不能有油，器具擦乾不能沾生水，大白菜一樣一刀剖成兩半，大鍋燒滾水，但根部先下鍋，菜葉慢一點，趴下去燙，等水滾起，再翻過來，一眨眼工夫就撈出來，而且半顆半顆的依序下鍋，同樣採趴式一一排上墊有筷子的乾淨金屬盤裡，媽媽說，這個步驟叫殺青，大白菜絕對不能燙太久，否則酸白菜不會脆。

　　計算陶甕的大小，準備白菜的數量，當半剖殺青的大白菜全都涼透後，媽媽會戴上乾淨的塑膠手套，嘴閉緊不說話，把白菜一一排入甕，白菜還是維持趴式，一層層堆起來，幾乎快堆到甕口。

　　然後剪開乾淨的大塑膠袋，覆在甕口上，再用特別買來的粗條橡皮筋箍好，最後還要加蓋，移到牆腳，等兩個月之後的年到來，才能開封。

　　記得媽媽做酸白菜不是每次都很成功，有時候很脆，有時候很軟，有一次還整甕全部爛掉，那年沒有酸白菜吃，全家人都不開心，所以我知道做酸白菜要靠老天，如果今年冬天不夠冷，酸白菜肯定不好吃，而且

←祖籍東北的程安琪老師，每年過年都不忘提醒朋友提早醃酸白菜。

↓安琪老師今年過年漬了200斤大白菜的酸白菜，除了送人，還凍起來慢慢吃。

自家做的酸白菜，聞起來沒那麼酸，吃起來很夠味，跟外面餐廳賣的不一樣。當然以後知道，坊間許多餐廳不但用醋醃菜，連高湯也加白醋，那股強酸跟菜香發酵的酸白菜自然不同。

爸媽做酸白菜除了忌油忌生水，還不講話忌口水，因為創造的環境是為了吸引乳酸菌，而非雜菌，有時候頻頻開封，或太久吃不完，酸白菜的表面便長出一朵朵白色的迷你棉花，表示這甕已經發霉變壞。發酵的酸是香的，發霉的酸是腐的，黴菌世界像真實人生，有好人也有壞人，當壞人掌握全局時，這盤變死棋，再無法挽救。

山東家庭過年吃酸白菜，不是涮鍋而是鍋菜，爸爸倒一點過年時煮雞煮肉的高湯，對上酸白菜滷水與清水當鍋底，放幾片去腥的薑片，幾粒蝦米與一撮冬菜增添味道，拜拜用的熟五花肉切成厚片、自己凍的豆腐退冰擠水切塊、純絞肉做的乾炸丸子、帶骨頭裹粉的炸雞塊、泡過熱水的寬粉條，除了切絲的酸白菜還有切塊的新鮮大白菜，以及父親指定自己發泡的黑色厚身雲耳。

我家的酸菜白肉鍋全是熟肉，沒有凍螃蟹等海鮮，也不會邊吃邊涮生肉片，所以鍋底很乾淨，湯頭可以大口喝，不見浮沫之類的髒東西。而

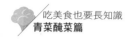

且從小吃酸白菜火鍋的沾醬便是紅腐乳，一大罐用筷子捅碎了，加蔥蒜香菜調出個人愛吃的醬。

幾年前年事已高的父母從龜山搬到台北，居住面積從上百坪頓縮為35坪，許多東西都捨在舊家，包括廚房用品在內，王家酸白菜變成絕響。雖然我也曾認真跑到東門市場買甕，仔細記錄父母口傳做法，但總是年一到，才驚覺來不及，年復一年都是紙上談兵。

還好程安琪老師每年過年前買進200斤大白菜來做酸白菜，每年送我兩大瓣好過年，這是盛情厚意的年禮，親如家人的感覺。安琪老師與其母傅培梅老師都待我和我先生極好，並且愛屋及烏，記得幾年前年邁的父親想吃三鮮水餃，安琪老師得知，立馬包了100個，讓我父親解饞。

安琪老師在節目中提醒聽眾，每到舊曆年前三週，就要著手漬（音ㄐㄧ）白菜，再晚就來不及讓白菜發酵變酸了，大家一起來傳承過年吃起來才有感覺的東北酸白菜。

↓愛吃酸白菜的朋友表示，市售酸白菜多是以醋偽裝假發酵，只有南門市場最靠近大門的這家，風味最自然。

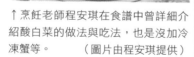

↑烹飪老師程安琪在食譜中曾詳細介紹酸白菜的做法與吃法，也是沒加冷凍蟹等。　　（圖片由程安琪提供）

然價格不菲，但圍爐的酸白菜火
口味道地且正宗。

到金門必買用金門酒糟製作的酸白菜。

台北老字號的圍爐，把酸白菜炒肉
絲做為燒餅夾餡。

程安琪教做東北酸白菜

準備：

廣口大缸、塞得進缸裡的大石頭、壯壯的山東大白菜、鹽巴與花椒。

做法：

一、白菜橫剖，一開為二。

二、燒水燙菜，梗朝下燙15秒，翻過來切面朝下再10秒。

三、撈出吹涼，至手摸不燙的熱度，切面朝下，頭尾頭尾一反一正排進缸裡。

四、 排滿3至4層就撒一把薄薄的鹽巴，直到排至八分滿。

五、取三個盤子壓住白菜，再用重石壓盤，必須夠重才鎮得住。

六、取燙菜已涼的水，水溫同樣觸手不燙的程度，倒入缸中，淹過白菜，水若不夠，則提早燒水備用。

七、封口，5至7天揭開查看，若有白沫則撈除。

八、2週後撒入一把花椒。

九、3週後，酸白菜即成。

十、小心收進塑膠袋，綁實冷藏。

忌諱：所有容器與食材皆不能碰油。

向印傭學做辣椒醬

整理書桌上的採訪資料，發現寫在新聞稿後面的筆記，幾年前參加台灣之光名廚江振誠*《初心》新書發表會時，他母親告訴我，江家孩子無論走到哪裡，她都會親手做給孩子帶在身邊的辣椒醬配方。

記得江媽媽說，這辣椒醬是婆婆教的，她婆婆是印尼人，所以辣椒醬不是台灣人熟悉的味道，「而是經常做的麻煩菜，但任何時候都可以搭配著吃。」

印尼人？咦，忽然靈光乍現，照顧爸媽的印傭Tini，在吃飯時總從冰箱裡拿出一罐自己做的辣椒醬，我回娘家也偷偷分食過，吃過純辣椒的，也嘗過加小魚乾的。前一陣子父親去世，頻繁回家的大哥一吃就喜歡，拜託Tini多做一點，要帶去大陸吃。

Tini特別為支付薪水的Boss做小魚乾辣椒醬，我也分裝了一小袋，因為實在太好吃了，所以非常節省吃。今天突然想到，莫非這就是江媽媽所說的辣椒醬？Tini說，印尼辣椒醬的材料很簡單，新鮮辣椒要小不要大，大約買100元。

小魚乾也是要小不要大，而且要黃不要黑，丁香魚和沙丁魚皆可，大約買120克。番茄選紅色，拳頭大小兩個；大蒜亦是兩個拳頭的份量，還要準備砂糖、鹽巴、味精（沒看錯，印尼人也吃味精，而且吃得很兇），若有魚露更好。辣椒、番茄、大蒜洗乾淨，全部蒸軟，放進塑膠袋，用拳頭磨爛，先倒進炒鍋裡等一下。

小魚乾洗淨，用多一點油煎得硬硬的，撈出稍涼，放進原來的塑膠袋裡，搓一搓，搖一搖、裹一裹，把殘留在袋裡的辣椒醬刮出來，也倒進辣椒鍋裡，加點油炒勻炒香，加進鹽巴、味精、砂糖，從水水的炒成濃濃的就好了。

但回頭確認江振誠母親當日口述的材料和做法，發現兩者有很大的出入。Tini說，在印尼家鄉做辣椒醬有專用的工具，所有材料都先炸好，再用扁扁的石臼和小小的石磨搗碎，而且是一邊搗一邊調味，還可以偷吃。「來到台灣找不到這種工具，又要做大量給Boss，所以改炸為蒸，方便操作。」

用印尼工具跟印傭一起製作印尼辣醬，在家也能學習正宗料理。

而江母的家傳辣椒醬整理如下：

乾丁香魚先油炸，金鉤蝦亦油炸再剁細，紅蔥頭和紅辣椒洗淨分別剁碎。用一點點油炒香紅蔥頭和紅辣椒，聞到香味放丁香魚和金鉤蝦拌勻，加多一點的白醋，但不宜太濕，加鹽巴調味，可鹹一點，吃時再擠一點新鮮檸檬汁。

江母說，這味辣椒醬可拌麵拌菜，炸馬鈴薯和炸茄子也適合，多加點檸檬汁就能解膩。「隨時做起來放冰箱，可以放很久，打開江家人的冰箱都找得到這一味。」

我喜歡辣椒醬，不同國家各有不同製法與風味。幾年前我先生曾秀保保師傅的學生，在高雄經營中國東北乾鍋鴨頭非常成功的老闆娘蘇小津，曾送來一罐馬來西亞的香蒜脆辣椒，當時就愛上東南亞的辣椒醬。所以吃過Tini的辣椒醬之後，便開始尋找她口中所說的專用工具。直到有一天在成功國宅找到，確認是印尼式而非泰國式，花了300元把Tini料理家鄉菜的工具搬回娘家。

Tini看到石臼很興奮，而且誇獎我買到真東西，「有的一碰到水，石

＊江振誠Andre，1976年生於台北，淡水商工餐飲科畢業，20歲出頭進西華飯店工作，因為態度積極認真，讓來台短暫客座的米其林三星餐廳雙胞胎主廚Jacques和Laurent Pourcel點名帶回法國當實習生，天天削馬鈴薯一削三年才出道。磨練數年羽翼漸豐，出任米其林三星餐廳Le Jardin des Sens執行主廚，統籌海外8家餐廳，而興起自立門戶的念頭。2008年選擇落腳新加坡，2011年以自己英文名命名的餐廳開幕，之後日式燒烤、季節料理等餐廳陸續開張，2014年載譽歸國，指導台灣廚師團隊成立RAW餐廳，這些餐廳亦獲得礦泉水公司舉辦的亞洲餐廳評鑑，近幾年來屢次入選為亞洲50大之內。

粉跑光光，是假的根本不能用。」印尼石臼像一個厚石盤，弧度很扁，直徑約20公分，石杵是歪頭的三角錐，捏在手中非磨非搗，而是用手腕的力量前點後壓，磨碎或混合炸過的食材。而且石臼不光是工具，也是容器，辣椒醬做好後，連著石臼一起上桌。

這次Tini準備了一個拳頭體積的紅辣椒（嗜辣者選比大拇指更短的紅辣椒，怕辣者用與大拇指差不多長的辣椒）、半個拳頭的大蒜、半個拳頭的紅蔥頭、一個牛番茄，以及嗜辣就少放一點、怕辣便多放一點的小魚乾，份量約滿滿一飯碗。她說，印尼做法是將食材依序炸軟，再一一搗爛混合，但在台灣她怕胖，所以只取適量的油，採慢煎方式製作。

紅辣椒清洗乾淨，摘去蒂頭，晾乾水分。牛番茄洗淨，連皮切，一開四去蒂，再對切成8小塊。小魚乾倒入細孔漏杓中，移到水龍頭下，一邊用水沖，一邊用筷撈，清洗5分鐘以上，然後架起瀝乾。炒鍋加熱，多放一點油，紅辣椒下鍋，立刻蓋上鍋蓋以免油爆弄髒爐台，開中小火等著，等到油爆聲變小，再掀蓋翻動，蓋回鍋蓋再炸。聞到辣椒香，開蓋翻動。Tini說，辣椒要炸到用菜鏟壓下去，感覺變軟才能盛起，這段時間火不能大，因為焦了黑了不但不好看，辣椒還有苦味。

辣椒炸好撈起，直接入臼，開始壓搗，原鍋不休息放入紅蔥頭繼續炸，同樣炸軟再入臼，緊接著大蒜與番茄亦然，邊搗邊炸依序入臼。Tini的手既快又巧，辣椒磨成泥，還加入砂糖、味精與鹽巴等一起磨，雖然磨得很細，辣椒皮仍在。Tini說，以上步驟如果要用果汁機打碎也可以，但吃起來口感不一樣。

炸小魚乾時要多加些油，不斷翻炒炸到條條酥脆，並仔細把變黑的炸油瀝乾，才能與石臼裡的辣椒醬會合。Tini表示，外面雖然也買得到印尼小魚辣椒醬，每瓶100元很便宜，但是有些會把炸油混進去，很不衛生。

石磨壓不碎小魚乾，卻能把辣椒和魚乾的味道砸出來又混進去，辣椒醬堆滿在石臼上，姿色非常誘人，難怪Tini說會邊做邊偷吃。

還沒到台灣做幫傭的Tini，在泗水照顧一家老小11口，每天早上固定要做如此大盤的辣椒醬，供應三餐食用。來到台灣，想念家鄉味，改蒸為

炸，用塑膠袋替代石臼石磨，全是就地取材的變通方法。

　　我非常喜歡第一次Tini分我吃的純辣椒醬，忍不住再請教做法，原來是蒸過的紅辣椒，趁熱放進玻璃瓶裡，同樣加鹽巴、砂糖、味精，用筷子一直戳一直搗，直到辣椒成泥為止。如果有一天我也跑到異地當外勞，為了嘗一口家鄉味，也會像Tini一樣想方設法，重現美味，安撫思念。

1.不管是辣椒、紅蔥頭與大蒜、番茄，都用油炸到變軟為止。

2.印尼的石臼跟台灣、中國與泰國的都不同。

4.印尼石杵與習慣使用一根直直的搗棒不同，但施力更小，接觸面更大。

3.炸好的辣椒直接入臼，加入調味料開始壓搗。

5.利用漏杓與筷子把小魚乾的雜質沖掉。

6.最後把油炸過的小魚乾也放入石臼中壓搗，幫助味道混合。

7.非常感謝，替代子女，照顧父母的Tini，在返回印尼前把家傳辣椒醬的味道留在我家。

調味料篇

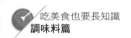
吃一輩子吃錯油

　　沒想到什麼也沒貼，只是公布食安權威文長安老師要上「超級美食家」說食用油的訊息，居然半天之內，250多個讚與30多則留言，以及近4000次的觸及率，大家熱烈捧場，內心過意不去，只好在下了節目之後，迅速埋頭整理出文字稿，讓聽過的人能回味，沒聽過的人長知識，也透過這波食用油風暴，正確認識食用油的特性，改變自己超級糟糕的用油習慣。

一罐油用到底，觀念超錯誤

　　天底下沒有一種食用油脂是完美的，每一種都有缺點與優點，如果家裡只使用一罐油、吃一種油，或是只認定一個品牌的油，這就是超級錯誤的觀念，偏偏有很多家庭都是如此。

　　食物和人一樣，沒有百分之百完美，所以一直鼓吹飲食多樣化且均衡，就是抓優點、補缺點，提升營養的利用率。

為什麼有那麼多進口油？

　　台灣有兩家主要沙拉油生產工廠，先說沙拉油的製成：黃豆壓成片，經過溶劑萃取，完成脫酸、脫色、脫臭、脫膠、脫臘等多重程序後，才能製出沙拉油。

　　由於每一個過程都要擁有巨大設備，所以資本額超過二十億元以上。沙拉油廠由國內食品大廠集資興建，一家為台中的中聯油脂，一家是台南的大統益，若非其中股東，想要進入食品油品市場實屬不易，想要有優勢，就必須去找更便宜的油。

╲台北饒河街隱藏一家製油老店。

↑老店賣油，標榜童叟無欺，還有彌樂佛坐鎮。

←了解了沙拉油的製成過程，便知道沙拉油是最乾淨又沒營養的油。

　　便宜的油便要仰賴進口油，便宜的進口油說穿了就是來自基因改造原料所製成的油，所以棉籽油、玉米油、芥花油等大量進入台灣市場，加上我們自己生產的沙拉油也使用基因改造黃豆，市面上摻和油主要是以基因改造的油調合，現在政府已規定這些以基改原料製成的油必須標示「本產品不含基因改造成分，但加工原料中有基因改造○○」。

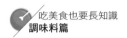
低價油就是基改原料的油脂

基因改造的油是透過溶劑萃取出來的油，專家認為只有蛋白質有問題，油脂對人體沒有影響。

由於只有基改的油脂才能進入台灣低價市場來競爭，因此才出現了棉籽油，棉籽油有棉酚，對男性的精蟲有殺傷力，所以從前用來做為男人的避孕藥，但去除棉酚並不難，就是油中加水持續一段時間，便可脫除。

日前棉酚爆出未檢出與不得檢出的爭議，都是在於儀器精密度的不同，如同上次毒澱粉事件，關廟麵在新加坡被檢出，但在台灣沒有是一樣的道理。

銅葉綠素到底有沒有營養？

鎂葉綠素能行光合作用，能讓細胞修復還原，是身體所需要的營養，但缺點是極不穩定，所以無法添加在食品上，因為不穩定，顏色會變來變去，而銅葉綠色非常安定，但身體不需要。

雖然添加在油脂中的銅葉綠素，在每日可接受的飲食攝取量（ADI）是沒有太大影響，因為你不會猛喝油，但請注意，單一不可能超量，但很多單一都超量就不太好，記住身體每日忍受的極限是150種添加物。

動物？植物？油脂區分大錯誤

油脂應以多元不飽和脂肪酸、飽和脂肪酸和單元不飽和脂肪酸的含量高低來分類，即使是飽和脂肪酸高的油脂，也不一定是豬油等動物油。

認識多元不飽和脂肪酸

溶劑萃取出的不飽和脂肪酸的代表油脂皆是清清如水，如：沙拉油、玉米油、葵花油、芥花油等。

油脂有很多地方沒有吃飽，所以叫多元不飽和脂肪酸，而沒吃飽的地方叫雙鍵，若在高溫發煙點的情況下，雙鍵會斷掉，氧進入便產生自由

↑由屏科大畢業生自組的里山生態公司，幫助屏東小
農做出自我品牌的芝麻油。

→屏東崁頂老字號義香黑麻油，受到當地人喜愛。

↑家家戶戶都有芝麻油，但你看過芝麻
還長在土地上的模樣嗎？

基，所以多元不飽和脂肪酸在高溫下會產生很多自由基，很容易致癌，而且酸價會提高。

酸價高的油不一定是壞油

不過很多人以為酸價高就是壞油，其實橄欖油、茶油、苦茶油、麻油等油酸價也很高，但上述皆是冷壓非溶劑萃取的油，雖有許多游離脂肪酸，但未經高溫作用，沒有自由基不會致癌，因此用酸價來判斷油脂好壞只限於用溶劑萃取，清清如水的黃色油，例如：沙拉油，葵花油等。

但若把橄欖油等當作炸油使用，反而是把好油變成壞油，炒菜則沒關係。

多元不飽和脂肪酸的缺點是不耐熱，高溫易致癌；優點是清清如水，不易堆積在血管裡，產生慢性病，沙拉油、玉米油等皆是。雖說這類油不適宜油炸，但精煉技術進步，發煙點提高，家庭使用亦可，商用頻率太高，宜避免。

科學方法教你要不要換油？

要不要換油，不是憑感覺，見炸油變黑轉黏，或是加熱時冒出很多泡泡，就表示應該換油了，但有另一種更科學的方法，就是新油買來，第一次使用，先用溫度計測量它冒煙的溫度，若油炸多次之後發現，冒煙點的溫度突然降低攝氏20度，就表示該油已經劣變了，要換油了。

認識飽和脂肪酸

飽和脂肪酸就是吃得飽飽的走不動了，連火燒房子都走不動，所以很耐熱，不容易斷裂，不容易產生自由基就不容易致癌。問題是在常溫下是固體的，所以在血管裡容易堆積而造成心血管疾病，如：豬油、牛油、雞油、奶油等。

然而飽和脂肪酸高的油，並不是只有動物油，棕櫚油和椰子油也是飽和脂肪酸高的油。

↑各式各樣的堅果油，主打健康引人目光。

←北港雖不再產芝麻，但有許多芝麻廠仍在運作。

　　另外還有一種反式脂肪酸含量高的油，一是人工的氫化油，二是自然界反芻動物的油（就是牛啦）。氫化是使液體油脂變固體，但氫化過程容易產生反式脂肪酸，它的特性是擴張，所以會造成血管堵塞，不過反式脂肪酸也有好處，是對稱的，安定性好，味道也比較好，例如蛋塔好香好香，不過少吃一點更好。

認識單元不飽和脂肪酸

　　多元不飽和脂肪酸和飽和脂肪酸是完全相反的，而介於兩者之間就是單元不飽和脂肪酸。單元不飽和脂肪酸代表性油脂為橄欖油、苦茶油、茶油與芝麻油等。

吃油也要有均衡概念

　　不管什麼油都有問題，吃油時不可以一個家庭一罐油吃到底，而應該準備多元不飽和脂肪酸、單元不飽和脂肪酸與飽和脂肪酸的3種油，單元不飽和脂肪酸吃的是1/3強，多元不飽和脂肪酸吃的是1/3弱，飽和脂肪酸就是1/3。

　　均衡多樣化會產生互補，要有正確的觀念，即善知識。身體有兩種

膽固醇，高密度膽固醇可把膽固醇帶出體外，低密度則把膽固醇留在體內。

吃橄欖油就健康嗎？

多元不飽和脂肪酸可把好的和壞的膽固醇都降低，飽和脂肪酸可把好的和壞膽固醇的都升高，單元不飽和脂肪酸讓好的不變，壞的降低，所以一直鼓吹要多吃單元不飽和脂肪酸的油脂，於是大家都跑去吃橄欖油，但橄欖油也有特級初榨與精製多種，好壞品質差距很大，所以用油要有正確的想法。

而且橄欖油有綠色的也有黃色的，前者是冷壓初榨，很昂貴，後者是用溶劑去萃取橄欖渣的油，所以是清清如水，比較便宜的油，記得溶劑萃取的油並不耐高溫油炸。

吃豬油就比較好嗎？

這陣子大家都改吃動物油，尤其是豬油，豬油是順式脂肪，但在常溫常壓下一定是固體，但若買到的瓶裝或罐裝豬油是液體時，就要注意這種油因為原料亂七八糟，所以要加乳化劑調和，要加磷酸鹽抑制油脂中可能危害人體之因子。

另一種要注意的是烘焙用白油，利用科技分離出飽和脂肪，並賣給食品廠，讓糕餅變得更酥，建議要吃油，就不要吃分離的。

加水煉豬油？廚房大爆炸

有媒體教民眾自己在家煉豬油，要在水中煉油保持低溫才不會產生毒素，其實是無稽之談。用水煉油，油會爆炸，又容易變壞，若怕油溫太高產生毒素，炒菜時先在炒鍋裡加些水，看水在鍋裡跳動，再加油加菜去炒，溫度可降低至攝氏5、60度，不怕高溫產生疑慮。

阿根廷進口的迷你橄欖油，高雄帕莎蒂娜法式餐廳的
精品。

法國Echire奶油非常好吃，但飽和脂肪酸偏高。

欣臨公司進口的大桶荷蘭水蒸豬油，但文長安建議家
用少量以油炸為宜。

第一次看到全身包緊緊的橄欖油，是法國
米其林餐廳名廚指定使用，不是搞神秘，
是為了避光。

許多進口食用油不需烹調，而是畫龍點
睛，例如白松露油。

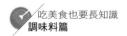
就是不苦茶油煎雞

　　自從在嘉義竹崎星光森林民宿吃過苦茶油煎雞之後，就此念念不忘，明明看起來是乾巴巴、油膩膩的雞塊，為什麼會這樣香這樣好吃。薑片如餅乾般脆口，咬起來完全不辛辣，雞皮酥、肉耐嚼，而且茶油混雞油，香味加倍又不膩口，拌飯吃簡直是沒完沒了。

　　剛好女食神莊月嬌在節目裡聊到好食材的重要性，從身圍直徑20公分如碗公大的野生鱸鰻、冷榨只取最精華10%的白茶油，又說到大禹嶺的寒地血雞、跑馬古道的放山雞，以及台東多良部落所生產的薑，最後竟說到苦茶油煎雞，讓我流了一地口水，想啊，就想吃這一味！

　　在台北居住的我，從來沒有吃過苦茶油煎雞，2014年10月帶著用吃愛台灣的隨行主廚，順著台166線，攀到海拔1000公尺高的星光森林，找到主動報名參加「用吃愛台灣」計畫，也是我在中廣「超級美食家」的聽眾彤彤，彤彤希望獨立一人經營民宿的媽媽，懂得利用在地食材做出五星級料理，進而成為星光森林的特色。

　　彤彤與同樣嫁為人婦的妹妹霈誼，每天都從嘉義市開車上山幫忙，晚上再返回夫家，母女三人感情非常好，生活很認真，為了帶我尋訪佛手瓜，從這個山頭到另一個山頭，讓我了解農民半夜爬山摸黑摘瓜的辛苦，也知道佛手瓜原來跟龍鬚菜是一家人。

　　白天在外奔波採訪食材，晚上回到廚房學做菜餚，師傅教做鑲鳳翼，一開始我覺得這工法太難了，邊剔邊拉邊折邊轉，把三節雞翅的骨頭拿出來，雞翅非但不能弄破，還要填料進去，在旁記錄的我看得頭昏腦脹，但她們母女三人卻毫不放棄，試了一支又一支，直到天色全暗了，時間過了晚上8點，才準備吃晚飯。

↑北投水美食府的茶油料理很出名。

→女食神莊月嬌致力發掘台灣在地好食材。

↓台灣茶油的主要來源是圖中的苦茶籽，以及茶樹籽。

　　坐在戶外用餐區，燈火點點夜景很美，寒氣也從腳底上來，最晚入座的形形端出一道好像是白斬雞回鍋的剩菜，黑黑乾乾的又浸在油裡，我不想碰，因為工作一整天好累，不想再花力氣咀嚼，直到形形媽一直勸菜，才勉強夾了一塊。

　　「我做菜崇尚自然的味道，苦茶油煎雞我連醬油都沒加，稱為白色茶油雞。」形形媽口述做法，我一邊仔細聆聽抄寫記錄，再夾起第二塊雞塞進嘴裡，白色茶油雞出乎意外愈嚼愈香，苦茶油一點也不膩，不過想做好這道菜必須慢動作加有耐性，一點兒也急不來。

　　雞塊先撒點鹽巴抓一抓醃入味，平底鍋燒熱後轉小火，倒苦茶油慢慢煸厚薑片，火不能急，否則薑未酥便先焦。取出薑片先擱一邊，再把雞塊放進鍋裡炒，同樣多一點耐性，一塊塊翻來覆去煎，最後薑片回鍋拌炒，起鍋前噴點米酒，令酒氣揮發留下醇厚。星光森林的白色茶油雞只

苦茶油名為苦，其實一點也不苦。

高雄帕莎蒂娜董事長推薦的台南神茶油。

坪林農會有榨油設備，生產的坪林包種茶油，安全看得見。

苗栗三義農會的苦茶油「會發誓」。

嘉義星光森林老闆娘尋找好茶油做成自營品。

以坪林包種茶樹籽
為原料的茶籽油。

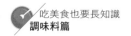
用五種材料，卻得站在鍋邊一路緊盯半小時以上，由於是一塊塊生雞肉用不多的苦茶油硬煎到熟，骨髓切口很黑，顏色沒有很均勻，賣相並不算太好，可是一試永難忘。

料理崇尚簡單，材料必須嚴選，星光森林接近阿里山，苦茶油卻來自台中東勢。彤彤媽說，雖是進口苦茶籽，榨取仍堅持古法，經打碎、蒸過、退冷、填裝、榨餅等過程萃取，每斤售價上千元，油色黃有點稠，油味清香淡雅，完全沒有苦澀味。

小時候，胃不好，阿嬤有時會做苦茶油炒飯給我吃，把薑切得細細的，火開得小小的，用一點苦茶油慢慢把薑炒到冒出泡泡，再放白飯拌一拌，加鹽一咪咪，說是顧胃最好。長大後，當記者，三餐不是吃很多就是沒有吃，仗著身強體壯，喝酒應酬一點兒也不在乎，直到有天凌晨三點多，胃痛到醒來，接下來每天都準時痛醒，才知得了胃潰瘍，還差一點兒胃穿孔。

台灣有許多地方生產茶油，大部分是進口茶籽，而坪林包種茶油與苗栗山茶油等都由農會掛保證，負責向當地農民收購茶籽，並在農會自設的加工廠生產，價格不便宜，但值得信賴。在黑心食用油連環爆之前，這些農會品牌茶油便供不應求，黑心油事件過後，更是一瓶難求，大家才接受百分百純茶油的合理價格。

苗栗山茶油其實就是苦茶油，苦茶油更名為山茶油背後有一段故事。據了解，以前苗栗沒有榨油設備，農民必須趁新鮮把苦茶籽拿去台中后里榨油，人還不能先走，必須現場盯著，以防被換油摻油。三義鄉農會在7年前添置榨油設備，以每公斤上百元收購茶籽，農民不苦了，從此也更名山茶油。

有人嫌麻油有燥性，或是味道太重，不妨試一試苦茶油。煮一碗清湯麵，滴幾滴苦茶油，讓油香隨溫度揮發出來，很容易發現，苦茶油比橄欖油更迷人，那股清香非常乾淨，帶著清冽的山嵐氣息，為料理多添一縷芬芳。

女食神莊月嬌在節目中分享的白茶油煎雞。（莊月嬌提供）

食譜大公開

莊月嬌教做苦茶油煎雞

準備純的、好的、不會苦的苦茶油，至少5個月成熟的母土雞，中薑與鹽巴。

　　一、雞剁大塊一點，薑切片約0.3公分。

　　二、鍋燒熱，加茶油，放薑片，中小火，慢慢煎，時間至少15至20分鐘，讓薑片似餅乾酥脆。

　　三、瀝出薑片，撒上鹽巴，抖一抖，味均勻。

　　四、原鍋燒熱煎雞塊，雞皮朝下先煎，同樣中小火，慢慢煎，直至出油上色，然後翻面煎肉的那幾面，仔仔細細煎，直到雞塊熟透，油不能少，火不能大。

　　五、取出雞肉裝盤，同樣撒上鹽巴，讓味道滲透，撒上薑片，完成。

滴滴珍貴混醬油

　　醬油雖是調味料並非主食材，但開門七件事柴米油鹽醬醋茶，幾滴醬油卻茲事體大，家家戶戶廚房必備，天天都要使用，餐餐都有吃到。幾波食安風暴暴露醬油問題叢生，路邊攤使用的桶裝醬油竟然一斤不到10元，從電視購物台崛起的昂貴醬油居然非原廠釀造，因此掀起民眾陣陣疑慮與恐慌。

　　黃豆或黑豆的原料是基改或非基改？勾兌調味的生醬汁是自行釀造或購買他廠？醬油調味的種類除了鹽巴和砂糖，還有哪些有看沒有懂的鮮味劑或添加物？民眾甚至對化製醬油起了戒心，並產生罹癌的聯想，也開始懷疑純釀造醬油的純度，並逐漸顛覆過去認定，只要是玻璃瓶裝就是好醬油的想法。

　　中廣流行網開播「王瑞瑤的超級美食家」，每每聊到食安問題，聽眾反應特別熱烈，邀請國內食安權威文長安在空中開講，透過深入淺出，環環相扣的解說，讓民眾認識台灣醬油的現況，先建立正確觀念，再學會挑選醬油。

醬油沾杯底，代表醬油有油魯，是使用整粒的黑豆或黃豆所釀造。

↑日本龜甲萬送來的日本皇室御用醬油，除了好食材純釀造，瓶身經特殊設計，不讓醬油接觸空氣而氧化變質。

↑與學校技術合作的關西李記醬油。

↑太純太鹹的醬油，現代人反而用不慣，所以即使標榜古法釀造，也添加不少鮮味劑。

←多年前金蘭醬油推出限量一萬瓶，380ml，售價999元的信醬油。

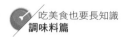
吃美食也要長知識

- 黃豆蒸煮，接種製麴，擺在室內讓菌長大，再移到屋外大缸裡，覆蓋鹽巴，發酵半年，前三個月發酵鮮味，後三個月發酵香味，這種就是乾式發酵法。小廠多用此法，需要攪拌，很耗人工，所以產量少效果差，一缸200公斤黃豆僅能生產400瓶醬油。

- 大廠則用濕式發酵法，使用容量100公噸有四、五層樓高的不鏽鋼發酵槽，由於發酵槽太大無法攪拌，所以黃豆接麴後移至發酵槽，灌入大量鹽水，讓機器攪拌，時間達120天，釀出來的醬油濃度不如乾式。

- 乾式發酵的原料是黃豆與黑豆，濕式則是黃豆片，即榨完沙拉油所剩的豆粕，若上游用基改黃豆，生產出來的醬油也是基改的，所以大廠醬油多是基因改造黃豆為原料，但基因片段已在發酵過程中被破壞，所以最終產品醬油並不含基因便段。

- 大廠做醬油時，黃豆片已無油脂，所以醬油沒有油脂，醬油倒進碗裡，不會沾在碗盤上。若是整粒黃豆發酵的醬油，就有沾黏碗壁的痕跡，這也是辨識基改與非基改醬油的一種方法。

- 小廠用的不知是否為基改或非基改黃豆，因為進口黃豆基改居多，若原料為黑豆，大部分是國產，基改的機率比較低。

- 濕式發酵生產量大，如果一個醬油廠的發酵槽很多，他的發酵方式趨近天然的機率比較高，若發酵缸很少，是否天然就有疑慮。

- 換句話說，如果醬油廠肯讓你參觀發酵槽，而不是帶你去看轉來轉去的包裝區，這個醬油廠就比較值得信賴。

- 醬油缸產生的醬油其實沒有很多，滋味很鹹，顏色不深，跟我們買回來的瓶裝醬油其實差很多，這種頭抽原釀在200公斤的醬缸中，不過取10瓶而已。

- 原釀醬油死鹹不能吃，所以要再行調味，加糖、氨基酸、耐高溫的甜

味劑等等，經高溫滅菌，再用焦糖色素調色，就變醬油，雖經加工，也稱天然發酵醬油。

● 醬油顏色不夠深就要加色素，天然色素非常昂貴，例如焦糖，把糖炒焦，耗時又耗力，失敗機率又高，所以食品加工不會這樣做，而改以添加速成的焦糖色素。這是一種還原糖，原料為果糖，但果糖還是太貴，現在改用化製果糖，在冷飲店中常用的那一大桶。

● 化製果糖是把便宜澱粉加水糊化，加冰醋酸強迫水解，水解不會聚合，就永遠年輕不會變硬。再加果糖酵素形成化製果糖，而果糖酵素也很便宜，主要來自細菌。

● 為什麼化製果糖會流行，一是便宜，二是大量生產，三是水溶性很大。（同理可證，不會結塊，快速溶解的蜂蜜便是化製蜂蜜）

● 天然醬油用麴菌分解，速度非常緩慢，蛋白質不會一下子分解到底變成氨基酸，而化製醬油加鹽酸強迫水解，只花三天就把所有蛋白質變氨基酸。

● 天然發酵的醬油絕對不含鹽酸，假設用有油的黃豆加了鹽酸，就是三酸甘油脂與鹽酸作用了之後，會產生有毒的有機氯－3-單氯丙二醇（合法量為0.4ppm以內），所以只要是純天然發酵的醬油便驗不出這個成分。

揚州當地的陽春麵，都使用百年的三和四美蝦籽醬油，所以湯頭又鮮又黑。

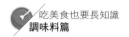
- 化製醬油的原料美其名是黃豆粉，其實是黃豆的殘渣，是經過三次萃取之後的殘渣。黃豆磨粉加正己烷萃取（正己烷也是強力膠成分），脫酸、脫色、脫臭之後變成沙拉油，剩下的豆渣再加酸，取出卵磷脂，再剩下來的豆渣做成大豆分離蛋白成為素食材料，最後的豆渣才拿去做醬油。

- 黃豆片加了大量鹽酸之後，味道很臭，所以要先脫味，傳統做法是加味精當緩衝劑，但在標示中看到麩氨酸鈉，就覺得罪大惡極，所以不用味精而改用非必需氨基乙酸或丙酸，若再加酒精，防腐效果也一級棒。

- 如此還不夠，業者流行添加GMP（5'-次黃嘌呤核苷磷酸二氫鈉）與IMP（5'-次鳥嘌呤核苷磷酸二鈉）這類非常棒的鮮味劑，它來自酵母（非天然的啦，基因改造特別培養，它還有個名字叫「酵母抽出物」），吃下去有難以忘懷，超棒的感覺，而且還不會口渴哩！

- 可是GMP是核苷酸的衍生物，若吃太多，身體代謝會產生大量尿酸，易造成血液酸化，血液濃度提高，流動緩慢，產生堆積，抵抗力下降，病痛就來了。

- 現在好吃的食物都用GMP做出來的，因為有動物的味道，可調成豬牛羊魚等味道，但吃素的就變成IMP，很重的菇蕈味道，兩種混合，再加非必需氨基酸，再加甜味劑下去，是無比超棒的滋味。

- 化製醬油最被人詬病的是，可能含有3-單氯丙二醇和4-甲基咪唑等致癌成分。

- 但是市面上幾乎沒有百分之百的純釀造醬油，大多都是摻和了化製醬油。

- 若混合七成純釀造醬油已是極品，純釀造與化製對半摻還可以接受。

- 只要沒有殘留致癌物質，化製醬油還是可以被接受。

- 買醬油還是要選大廠牌，一體發酵比較有保障，而且確定一分錢一分貨，付的錢多就是天然釀造，付的少當然是化製的。

- 現在有很多小廠強調手工醬油而拚命打廣告，但仔細看標示，沒有製

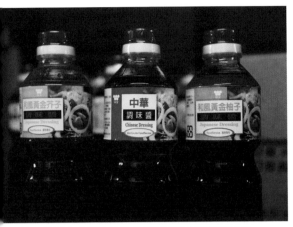

這三款調和式醬油是許多餐廳長期依賴的調味品。

喜願大豆特工隊用台灣黃豆做白醬油。

屏東滿州農會以高價收購黑豆,交由有機加工廠製成醬油、蔭豉等。

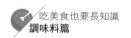

造廠商，只有負責廠商。雖然合法，但對消費者沒保障，關鍵還在發酵槽的多少，不是花大錢買安心。

● 市售某些醬油以通過許多安全檢測來證明是好醬油，基本上是沒意義的，是一種行銷的障眼法。例如未添加焦糖色素，有可能是因為使用黑豆，或是加了鹽酸的醬油都會比較黑，做色不是只一種方法。

● 例如宣稱不含3-單氯丙二醇，若上游原料豆粕就沒有油脂，當然加了鹽酸製作也不會產生。

● 又強調醬油不含農藥，這根本是廢話，因為黃豆進口前全部經過檢測合格。

● 再說醬油不含防腐劑，如果是化製醬油本身就防腐，當然不必再添加了，所以全是宣傳，讓消費者愈看愈不明白。

● 開瓶放冰箱的醬油就是好醬油嗎？如果真的不放冰箱會壞掉，這醬油的確不錯，問題是，你自己試過嗎？恐怕根本沒機會親身試驗，反而掉入業者的噱頭裡。例如蛋糕要放冰箱，不是怕蛋糕壞掉，而是怕鮮奶油融化，民眾誤會大了。

● 使用醬油的原則跟食用油一樣，不要一輩子只認定一個品牌，就吃一種醬油，或是莫名其妙跟著流行走。因為若是好醬油無妨，若是吃到爛醬油就慘兮兮。

● 購買醬油最好不要買大桶的，買小瓶的。用完再換其他品牌，而且以玻璃瓶裝為宜。

● 凡事沒有絕對好或絕對壞，只要適量使用，就能保護自己。

● 文長安希望民眾記住，業者添加的不是防腐劑，卻是比防腐劑更加防腐的防腐劑，很多添加物本身便具有防腐功能，所以根本不需要再添加防腐劑。

不會太鹹也不會太甜的醬油趨勢，讓醬油愈混愈兇，還愈賣愈貴，消費者嫌棄醬油太鹹的同時，也放棄了自主調味的權利，以為加了甘味醬油就不用加糖，就像使用雞粉調味便不必加鹽。其實這些成分都在裡

面，只是語焉不詳的廣告詞讓你愈來愈迷糊，沒放並不代表沒吃到。

那日，熱心聽眾送來婆婆釀造的無添加醬油，並一再提醒說很鹹很鹹，用量一定要斟酌，想要進一步探詢家釀醬油的製作過程，她婆婆回答很難很難。這瓶顏色很深的醬油，搖一搖果然冒出很多細密的泡泡，一開蓋湧醬香，倒出幾滴沾在舌尖上，忽然想起小時候常吃的豬油拌飯，香噴噴的現炸豬油，幾滴又黑又鹹的醬油，讓熱呼呼的一碗白飯，傳遞最飽足的古早味。婆婆釀造的醬油的確很鹹，但滿口回甘，好醬油在前製不在後製，不知道何時才能矯正民眾正確調味的態度。

←黑龍蔭油是台灣唯一將日曬120天申請為商標登記。

↑跟蜂蜜一樣，純釀造醬油搖一搖，泡沫愈多愈不易散，純度愈高。

↑聽眾送來婆婆自製，沒有添加的醬油，沾一滴想到幼時吃的豬油拌飯。

跨海尋找貴醬油

　　跟著廚師老公逛超市，在city'super發現了每瓶台幣售價850元，來自香港的頤和園醬油。弄不明白這醬油為什麼這麼貴，於是2009年趁著到香港採訪美食，特別挪出半天的時間，搭小巴直奔新界的西北一探究竟。

　　出面接待的是一位80歲老太太曾吳希君女士，她身著旗袍，面容嚴肅，髮梳尾髻，挺直腰桿親自解說頤和園對釀造的堅持。

　　畢業於廈門大學生物化學系的曾吳希君，父兄都是讀書人，親哥哥為前台灣省主席吳國楨，表弟是南僑集團會長陳飛龍，年輕時從事食品工業的研究，而釀造醬油則是她的興趣，於1972年創立了頤和園。「為了維持中國2000年前釀造醬油的古法，黃豆待在醬缸裡的時間最少20個月。」難怪，一般化製醬油釀3天，純釀造醬油120天至180天，但頤和園600天。

　　曾創下單次出貨12個貨櫃到美國的頤和園，是香港唯二的醬油釀造廠，老闆加員工僅3人，曾女士引領我逛廠區，臉上露出自信神情：「工廠在30多年前從沙田大圍遷至元朗崇山村，一磚一瓦都是我設計，包括合乎環保規範的煙囪與排水設備，全廠找不到一隻蒼蠅與蟑螂，因為釀造醬油採全利用，沒有廢料。」

　　從製麴房逛到煮醬槽，頤和園製醬的方法是任時光慢慢流逝，光是養麴耗時10天，密不透風的製麴房採用最傳統的炭火增溫，竹筒箕上面的黃豆長滿了白黴，由於麴菌從黃豆內部生成，而非是表面培養，完全利用的黃豆不會半途發酸，風味自然高人一等。

　　曾吳希君拿出年輕時所做的研究報告，針對香港、日本、台灣、中國等地不同釀造醬油的方法，提出改進和檢討。她透露，1956年曾向一位

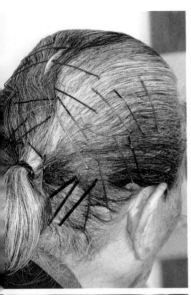

(左上)曾老太太一絲不苟梳頭髮的方式,讓我對頤和園製醬更有信心。

(左下)聽到曾老太太已去世多年的消息,那年從香港扛回來的醬油供在櫃子裡不忍用。

(右)多年前專程走訪香港碩果僅存的醬油廠頤和園負責人曾吳希君。

80多歲的老先生討教製醬的方法,了解麴的生態是釀出好醬油的基礎。

頤和園的產品多樣,有第一次過濾的原汁醬油,還有二抽加三抽再加工的生抽,以及添加醬色的老抽。為了符合消費者需求,濃郁生蠔氣息的蠔油,亦有添加味精或不添加的選擇,另有豆豉再利用的桂林辣椒醬、豆瓣醬、柱侯醬、白醋等專業釀造的產品,包裝容量偏小,港台價差很大,價格都不便宜。

今年在「王瑞瑤的超級美食家」臉書粉絲專頁裡,介紹了香港非買不可的三樣伴手禮,分別是有利腐乳王、鏞記指定使用的李煥皮蛋,還有頤和園醬油,結果過了幾天,頤和園醬油的總經銷傳訊息給我,表示頤和園現在也生產豆腐乳,同樣在city'super有售。幾年前曾聽聞,老太太已不在,問對方果真是。總經銷說,努力保留曾女士製醬的方法,好讓古老技術繼續傳承,我也希望,釀造600天的醬油是經典,是傳奇,但不要變成過去式。

頤和園擺出大陣仗的醬料,給台灣記者上課。

↑用老方法尋回兩千年製醬的味道。

↑頤和園做醬油號稱長達600天。

↑曾參訪位於烏鎮，源於咸豐年間的敘昌醬園。

←花上10天養出黃豆表面那層厚如棉被的白黴菌。

225

古法釀造白蔭豉

　　一群好友南下嘉義，來到布袋新厝里，參觀台灣少數純手工釀造白蔭豉、白蔭油的「新來源醬園」。

　　默默拍照並聆聽，幾個人跟著老闆蕭新旺七手八腳把長滿白黴，結成塊狀的黃豆一粒粒搓開來，由於觸手微濕微涼，空氣中的味道令人聯想到某知名化妝品，覺得雙手瞬間細嫩不少，忍不住興奮提高了音量。突然間聽到屋外有人大叫一聲，老闆娘陳麗美衝進來拉著我的手說：「我們天天聽妳的節目，一天不聽就不舒服，對於基改黃豆與調味料，妳都說出業者的心聲，吃美食也要長知識喔！」

　　蕭新旺的祖父蕭順正開始釀造白蔭豉，代代相承至今日，白蔭豉是嘉南地區特有的調味料，由於臨近虱目魚的養殖數量數一數二的新塭，發現虱目魚跟白蔭豉很合味，「以前買白蔭豉送白蔭油，直到親朋好友吃到不好意思才開始收錢。」

　　夫妻兩人手製白蔭豉，每天都很忙，前庭醬缸已經熟成的白蔭豉等著裝箱出貨，房子裡燜到長霉的黃豆一簍簍堆疊等待手搓水洗，我們剛好

上輩祖傳的手寫新來源招牌。

↑手摸豆粕，觸手微濕冰涼。

→小廠手做的新來源醬園。

↓蕭新旺夫妻天天都收聽中廣流行網「超級美食家」。

↑古早方法釀造蔭豉與醬油，價格非常平價。

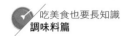
趕上搓豆當體驗。一輩子沒摸過發霉的東西，還是長滿白毛的豆子，黃豆渾身已變灰黑色，觸手不但微濕潤，還有淡淡的普洱香。

製作白蔭豉很費工，黃豆洗淨，先煮40分鐘，攤在院子上散熱，豆冷製麴，麵粉拌麴菌，再混入黃豆裡。夏天放在通風處散熱，冬天蓋美軍麻布袋保溫，蕭新旺半夜要起床巡豆粕的生長狀況，隨時調整溫度。

直至第4天，黃豆長滿白黴，用手捏散，夫妻兩人一天一口氣要捏碎18簍之多，接下來手工洗麴長達5小時至凌晨4點，將之瀝乾水分已到下午時分，才能裝豆入甕，拌鹽巴、加鹽水，這是台灣少見的濕式釀造法，主要是做豆豉，不是取醬油。

黃豆浸泡在26度的鹽水裡，經過一個夏天3至4個月，白蔭豉即可熟成出貨，另外抽出原汁，重新調味，裝瓶成白蔭油。

由於住在台北的朋友沒見過白蔭豉和白蔭油，離去前購買力大爆發。但令我吃驚的是，所有人都追著老闆要買非基因改造黃豆製成，不添加味精與防腐劑，全程需冷藏的白蔭豉、白蔭油與白味噌，即使現場沒有現貨，也願意排隊等待。

蕭新旺表示，基改黃豆經過加工後並無安全上的疑慮，但最近這幾年，有太多消費者詢問原料是否為非基改黃豆，有更多人要求不加味精與防腐劑，即使是份量極少又合乎法規，消費者仍希望無添加，所以不得不順應市場做出特製品。

對於基改，發展時間甚短，我不排斥，亦不鼓勵，如同看待有機，如何解決糧荒、友善土地才是關注焦點；對於味精，最新發現可活化大腦，一夜之間讓妖魔變神仙，也讓許多人不能接受，然而研究發展都是變來變去，沒一個準兒，自己花得起，吃得開心，懂得節制就好。

最後我買了用基改黃豆釀造，有添加味精和防腐劑的白蔭豉和白蔭油，我喜歡，非常喜歡白蔭油的天然甘醇，白蔭豉蘊含的綿密後韻，更喜歡親眼看到，雙手體驗，台灣農村世代傳承的老味道。

新來源醬園用大醬缸釀造白蔭豉。

↓白蔭豉的好朋友是南台灣的養殖魚。

↓白蔭豉的美味關鍵在製麴。

↑新來源老闆蕭新旺與其夫人每天手搓18簍豆粕。

試吃一粒新來源的白蔭豉，用上顎和舌頭便能化開。

細說從頭台灣醋

　　天天都吃醋，不管是白醋，黑醋，乾醋，飛醋，還是很貴的養生醋，愛吃醋的你，懂得台灣醋嗎？從小吃到大的工研醋，到底是不是工業醋？老人家說，酒做酸了自然變成醋，那是真的嗎？醋有陳釀，為什麼還有保存期限？醋會不會壞掉？壞掉的醋又如何分辨？食用醋也捲進食安風暴裡，為了愛吃醋的你，揭開台灣醋史，「超級美食家」有請穀盛食品總經理，亦是工研董事之一的許嘉生，破解食用醋的迷思。

　　Q：台灣醋的第一品牌是工研，工研是怎麼來的？

　　A：日據時代日本人在台灣成立台灣總督府工業研究所附屬實驗工廠，簡稱為工研，位置在忠孝東路三段十巷一號，即目前工研的原址，主要研究酒糟做醋，木瓜做醬油等方法。

　　日本人戰敗退出台灣後，我父親許侯才接手工研，父親年輕時曾留學日本，本是藥劑師，對嗅覺很敏感，尊我祖父許萬得為董事長，早期只生產白醋和味噌。

（左）工研醋第三代，也是穀盛食品總經理許嘉生，對釀造醋全心投入。

（右）很多人看到工研兩字，以為是化學醋。

↑台灣黑醋的起源，是從日本再追到英國的Worcestershire sauce。

↑女食神莊月嬌用台灣老醋醃泡台東蕎頭。

↑不管是不是高級品，東洋烏醋的包裝引人好奇。

↑新竹釀造的山東醋，是名店揭家牛肉麵指定使用。

Q：工研工研，聽起來像是化學工廠，工研醋是不是化製醋啊？

A：工研白醋是米釀造的醋，但早期物資缺乏時，我父親發明了酒糟製醋，並獲得了大阪博覽學會的發明獎。

現在華山藝文特區原是公賣局的酒廠，小時候從那裡拿回酒糟做原料，由於蒸餾過的米酒糟殘留酒精、糖分和氨基酸，但以前酒是管制品，所以這些酒糟在出廠時都澆淋過熱水稀釋成泥巴，我父親另加米酒再行發酵，而發明出工研白醋。

Q：老人家都說，酒做壞了就是醋，到底是不是？

A：台灣製醋的方法是學自日本，日本醋很單純，與日本清酒一模一樣，米先製成米麴，米麴再糖化，加酵母變成酒，再把酒稀釋了就是醋。

此外，台灣人喜歡用顏色區分醋的種類，這是錯誤觀念，芒果釀醋不該叫黃醋，應叫芒果醋，麥子發酵製成的醋就該叫麥醋，否則容易混淆，有人稱白醋為清醋，南部人說火醋是冰醋酸，喝下去燒燒的。

Q：製醋要花多少時間？

A：有人宣稱製醋21天，因為醋字的右邊即為二十一日，但這種說法是騙人的。醋的發酵與溫度有關，冷地時間長，熱地時間短，穀盛在嘉義設廠，夏天溫度飆上微生物最愛的攝氏30幾度，所以製作白醋只要10至14天即成。

不過上述是傳統的靜置發酵法，使用5噸大木桶，讓表面形成發酵，並產生熱對流，但現在沒有人這樣釀醋。全世界大多使用德國人發明的通氣發酵法，用機器攪拌加速發酵，白醋3天可成。

Q：在家也可以製作白醋嗎？

A：當然可以。買一瓶不太貴的清酒，酒精濃度為14%，一份酒加兩份冷開水，讓酒精濃度降為4%多一點，然後丟在牆角不管它，尤其是夏天，過一陣子就變成醋了。

(左)食安風暴之後,在美福超市來自台南的地方烏醋。(中)在南京發現的山西老陳醋,居然標示釀造年份。(右)沒有醋精就炒不出道地客家口味的薑絲大腸。

一開始不要封蓋,令其順利發酵,但自己釀醋要有心理準備,大氣中有許多雜菌降落,自己製醋不見得會比較純、比較好。

Q:那烏醋又是怎麼一回事?也是日本來的嗎?

A:錯了,台灣烏醋與日本烏醋都一樣,全源自英國伍斯特醬(Worcestershire sauce,又稱辣醬油、唟汁、辣醋醬油、英國黑醋等),而烏醋是我父親到日本學習再引進台灣,早期主要是為了搭配海鮮,去腥使用。

Q:烏醋如何製作?自己也能做嗎?

A:做烏醋先熬蔬菜汁,洋蔥、芹菜、大蒜、紅蘿蔔等煮爛瀝渣,再放入打碎的辛香料,最後加糖加鹽加醋加醬色即成。

辛香料的種類很多,不出大茴香、小茴香、肉豆蔻、丁香等,至於烏醋的黑,則是添加了醬色,如同義大利巴薩米哥醋一樣去做色。若有興趣,自己當然也可以在家試做看看。

Q：除了食用以外，醋還有哪些好處？

A：醋的最大缺點，是沾在身上變成臭汗酸味，但開瓶擺在房子裡卻可消除異味，例如新裝潢的家充斥傷身的甲醛，擺幾瓶醋就能完全吸收。二十幾年前，腳底按摩店就流行在牆角擺工研白醋，是為了去除客人的臭腳丫味，不是給客人泡腳。

Q：聽說醋能讓白髮變黑，還可以拿來泡香港腳，真的有這麼神嗎？

A：白醋的pH值為三點多，自然具有殺菌作用，但建議不直接接觸皮膚使用，要稀釋才安全。的確有人拿原醋染白頭髮，但很抱歉，頭髮只會變粗糙不會變回黑，像治療香港腳一樣無稽。醋不是防腐劑，而是調味品，就像有病要去看醫生，不要亂求偏方。

Q：既然烹調用醋也是米釀醋，可以直接加水飲用嗎？

A：當然可以，而且非常聰明，有人說好醋會有沉澱物，其實是設備不夠，技術不好才有沉澱。有人說好醋搖一搖就會起泡，其實不肖商人早加了起泡劑，什麼醋搖起來都起泡，全都不足以做為好醋的選擇標準。

Q：有的水果醋價格好貴，自己在家可以釀造嗎？

A：答案還是可以，台灣醋市場非常混亂，尤其是名稱、價格與用法，有的價格貴到離譜，甚至是沒道理。

坊間流傳一個米醋1：水果1：砂糖1的配方，但我認為糖加太多，醋易發霉，糖尿病患也不宜，所以用米醋加水果直接釀造，釀成醋之後再分為二份，一份加糖，與另外一份調和飲用。

以蘋果醋為例，洗淨後去皮、去蒂、去籽，尤其是蒂頭凹陷處有大量農藥殘留要捨得削去，切塊後放入乾淨的瓶子裡，對上好的糯米醋或糙米醋，即可靜置成醋。

自釀醋有幾個禁忌：忌油、忌生水、忌塑膠、忌鋁、忌銅等金屬，由於醋很酸，操作若不慎，或錯用容器，就會溶出毒物吃下肚。

Q：全球最好的醋在哪裡？是否為義大利巴薩米哥醋Balsamic Vinegar？

A：很多人都以為質地濃稠、顏色深黑、年份又高的巴薩米哥醋，是全世界最好的醋，其實不然。巴薩米哥醋使用濃縮葡萄汁製成，而且超過30年以上的巴薩米哥醋最好擺著看，千萬不要吃。因為1980年以前，義大利人普遍使用銅鍋熬煮葡萄汁，重金屬溶出非常可怕，就像鋁盆醃小黃瓜、銅鍋熬果醬也不行。全世界最好的醋在中國大陸，除了製醋的方法，環境亦得天獨厚，不過近幾年也出現調和偽裝的老醋。

Q：政府抓到過期醋，醋不是愈陳愈香，像酒一樣，為什麼會過期？

A：過期是官方規定食品最高保存期限3年的說法。醋有防腐功能，基本上不會壞，但坊間有許多醋添加水果、糖等等成分，pH不到3.5度，所以又很難說不會壞，但是很確定這些調和醋，風味會老化，老化就是沒味道的意思，整瓶都可以丟了。

↑來自法國普羅旺斯的無花果醋。

←價格昂貴的義大利巴薩米哥醋的原料是濃縮葡萄汁，年份愈高，瓶裝份量愈少，可說滴滴珍貴。

食譜再分享

醃梅加醋少放鹽

「穀盛都幫日本人醃梅子、醃蕎頭。」許嘉生表示,這個年代「夭壽貴不見得最好,俗物不一定沒好貨」,消費者必須要更聰明才不會被騙。

幾波食安風暴之後,掀起自己動手做的風潮。許多人在春天開始找青梅醃梅子,許嘉生透露,市售醃梅所使用的鹽巴在20%左右,若能善用現成好醋來醃漬梅子,落鹽比例可降到2%。許總年年為日本人,也為自家人醃梅子,在「王瑞瑤的超級美食家」節目中大方分享借力使力的低鹽醃梅,讓想把身體調回到鹼性狀態,又不想攝取太多鹽巴的朋友,也能同時受益。

台灣製醋的方法不是源自中國,而是來自日本。

名列中華老字號的保寧醋,也有現代添加物。

低鹽醃梅DIY

一、青梅泡水一天，瀝出陰乾。

二、取青梅2%重量的鹽巴搓揉青梅。

三、以青梅三倍重量的重物壓住青梅。

（在都市中想找一塊石頭都不容易，如何像老阿嬤一樣取石壓梅？許總說，找兩個可以套在一起的不鏽鋼桶，下桶放梅，上桶放保特瓶，以1.5公升的瓶裝水為單位，若是梅子醃1.5公斤，便裝進三瓶水，一點也不會錯。）

四、兩三天後見青梅變軟，取出來曬一下，讓梅子稍微乾。

五、陳年糯米醋加入味醂和砂糖，熬煮到糖融化，放冷備用。

六、米醋浸泡梅子，放進冰箱冷藏三個月，即成低鹽醃梅。

七、這種做法如同進口的日本醃梅，大而不酸，滋味甘甜，忌食酸者絕對不會再害怕。

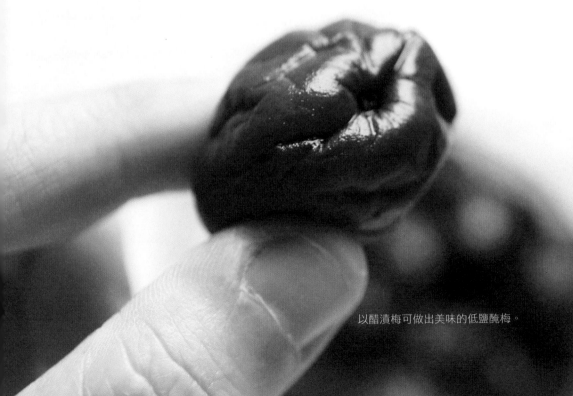

以醋漬梅可做出美味的低鹽醃梅。

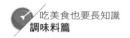

棕糖硬要染成黑

　　我有一位好朋友，一個月來一次。年輕時她來了就來了，走了就走了，我也沒有特別招待她，她也不在意。但年紀大了，好朋友每次進門前動作就很大，搞得我心神不寧又睡不著覺，人來了又不安分，請她快走也不肯，前後折騰至少一星期。所以最近幾年好朋友來的時候，我就請她喝濃濃熱熱的黑糖水，每天都喝2、3杯，說也奇怪，好朋友又像年輕時一樣，悄悄的來又悄悄的走，不再讓我難受抓狂。

　　某雜誌在2015年8月公布2015年台灣黑糖大調查，被抽檢到的19款市售黑糖，全都測出致癌物質丙烯醯胺，這個新聞掀起民眾恐慌，連我也不例外。第一時間想把家裡的黑糖全都丟掉，並開始煩惱連續幾年大量攝取的黑糖會不會出問題？還有下次好朋友來，我該拿出什麼討她歡心？

　　食安權威文長安看我發神經，忍不住先提醒我，回家先看看每一包黑糖的成分再來討論，「雖然大家都說黑糖，其實應該是棕糖，因為消費者迷信黑是補，業者才想辦法把棕糖染色變黑糖，添加糖蜜一直煮，煮到產生酶納反應，最後才出現丙烯醯胺，有疑慮的是這些黑糖，而不是所有的棕糖。」

　　回家趕快檢查黑糖存貨，真的，有的成分並不單純，而且同一個品牌同一種品名同一種包裝，生產日期不同，標示成分居然不同，想必是因為新食安法上路，過去可以含糊帶過，如今得一一揭露，所以無所遁形，有的黑糖原料裡，果然看到糖蜜兩字。多次請文老師來上節目，已經知道糖蜜是身體不需要的成分，雖然名字很好聽，看起來很自然，其實並不是好東西。

↑黑糖明明是棕糖，為何命名非黑不可？

↓黑糖塊的邊緣較不平整，純度較高。

↑經營全球最便宜米其林餐廳而成名的添好運麥桂培，指定使用廣東片糖做甜點原料。

- 黑糖是甘蔗汁煮沸，濃縮製成，所以正常的顏色是棕色，而非黑色，稱之黑糖就有誤導之嫌。
- 糖渣分離出糖蜜，糖蜜很便宜，不像名稱那麼美好，也不能跟蜂蜜類比，而是身體不需要的成分，一旦吃下去不會走循環系統，而是直接進入代謝系統，造成身體的負擔。
- 為了要讓黑糖變黑，符合消費者「黑就是補」的期待，便在棕糖中混糖蜜再一直煮，使蛋白質產生酶納反應而愈來愈黑，糖化最後產物就出現丙烯醯胺，也就是為什麼吃黑糖可能罹癌的關鍵。
- 丙烯醯胺的問題在最小分子最大毒性，易吸收易分解，會造成細胞老化，阻礙細胞再生，糖尿病患嚴格禁食。
- 丙烯醯胺真有那麼可怕嗎？北歐人曾研究油炸薯條中也含有丙烯醯胺，大自然中也有，毒性尚在討論階段。
- 天然黑是好，加工黑絕對不好。

- 加入糖蜜產生褐變的黑糖，變黑的速度特別快，而且成本降低，賣相又好。

- 購買黑糖要選不黑的，挑選黑糖塊則挑切割邊緣不平整而易碎的，成分比較純。

- 坊間手搖飲料和罐裝飲料多用果糖調味，這種透明的液態的果糖是玉米澱粉酸化水解而成，同樣名稱很美好，但非天然，性本酸，螞蟻嗜甜怕酸，所以不會靠近。

- 蔗糖成本高，溶解度不夠快，調飲料不好用，但蔗糖是天然雙糖，適時適量食用有益身心。

- 近來有人宣稱吃糖無益，最好不碰。但糖有熱量，吃甜甜帶來的幸福感亦無法取代。

- 楓糖絕對不是最好的糖，也不是純天然，不要被商人的行銷術語給誤導。

- 判別蜂蜜真假其實很容易，泡一杯看濁不濁，若是清清如水便是香料糖水。

- 這個事件最後督促政府訂出黑糖含丙烯醯胺不得超過1000個ppb。

↑有紅白漸層的片糖，在廣東人眼中很補，蔗糖香氣很足。

←香港甜品店最重視糖水。

我喜歡吃糖，什麼糖我都愛，因為只要吃一點點便有幸福感，而且立刻補充熱量。尤其在工作非常忙碌，身體感覺疲累時，吃一口蛋糕、調一杯蜂蜜，喝一碗紅豆湯，都使精神為之一振，有力氣繼續打拚。

我以為最懂得吃糖的是香港人，香港的糖水變化多端，早年赴港採訪甜品店，深入廚房，看到港廚使用黃冰糖。黃冰糖台灣沒有，台灣只有透明的冰糖，兩種原料一是來自蔗糖，另一是白砂糖，價格差很大，營養也差很多，黃冰糖有淡淡蔗糖香，冰糖則是純淨的甜，所以早年去香港，有機會便轉到超市買黃冰糖，即使煮紅豆湯滋味也多一些。不過最後赴港採購的那包黃冰糖，因為捨不得用所以一直收著，直到有一天發現顏色轉黑，嚇得趕快丟掉，也才知道糖其實也會壞掉。

幾年前香港知名甜品店來台開分店，用木桶現沖凝固的原桶豆花是業者最推薦的招牌。當所有記者對豆花的綿密濃郁發出讚嘆時，我發現那碟液態糖不太對勁，於是追問創店女老闆這是什麼糖？照理說融化的黃冰糖，顏色不該是透明。果然，老闆承認在台灣找不到黃冰糖，所以用現成的果糖糖漿替代。香港甜品的靈魂是糖，連靈魂都不要了，這家店還有什麼好推薦的？

↑台東蜂之饗宴有各種沒看過的蜂蜜。

↓蜂蜜是否為真？加水搖一搖，霧茫茫即為真。

香港人愛用的還有片糖，許多茶餐廳指定使用，撞奶茶、泡鴛鴦少不了它，但在台灣也很少見。全球最便宜的米其林餐廳，香港米其林一星添好運來台開分店，初期有兩樣東西找不到，讓廚師焦頭爛額，一就是片糖，另一是甜點楊枝甘露裡的泰國柚子果粒罐頭。

添好運委託台灣老字號，有「餐飲界的明光燈」之稱的明光食品公司，一定要在開幕前找到穩定的貨源，明光第三代老闆陳琳龍派專人前往廣東與泰國，直接與生產廠洽談，讓添好運台灣所有分店的滋味都能與香港本店保持一致。

第一次看到片糖以為是夾心餅乾，外層是紅糖色，內層是白砂糖色，摸起來沙沙的，原料也是甘蔗，港廚普遍認為片糖的味道比紅糖純淨，而且片糖非精煉糖，營養成分較高，人體也易於吸收，甚至封以「東方巧克力」的美名。

台灣人在夏天很喜歡喝冬瓜茶消暑退火，西華飯店怡園點心房主廚洪滄浪，也曾在節目中教聽眾自製冬瓜糖：

冬瓜去皮去籽，切成食指指節般大小，淨重一斤的冬瓜與一斤冰糖一起入鍋以中火熬煮，看到水分跑出來就轉小火，然後讓它自己熬煮，也不要隨意攪動，等到50分鐘過後，取小碗裝冷水，將少許糖液滴入，若糖瞬間凝固表示冬瓜糖熬好了，可熄火放冷，自成塊狀，但若糖液在水中散開，則需再熬煮至濃稠。

冬瓜糖宜冷藏保存，加水煮化即是冬瓜茶，也可以取少量直接食用，

(左)白砂糖為什麼熱量減一半？答案是添加了其他甘味劑。(右)東南亞料理常用的棕櫚糖，又稱椰糖，也是天然的粗製糖，，有機店賣很貴，東南亞商店則便宜。

↑西華飯店點心主廚洪滄浪教你自製冬瓜糖。

→片糖難得又偏貴，台灣只有少數茶餐廳用於絲襪奶茶等飲料。

清香爽口，不膩不渴。

　　愈有錢愈怕死，最近這幾年許多談話性節目邀請營養師、護理師、中藥師、名醫生等，以現身說法的方式，教導民眾應該怎麼吃最健康，然而部分專家所教做的料理活脫是病人飲食大全，油不能用、糖不可吃、調味料不要加，有些論調根本是莫名其妙邏輯不通的鬼話連篇，把吃飯當吃藥。

　　我曾看過這些專家在電視上教做菜，用不加油的不沾鍋乾炒洋蔥，嘴裡竟說出洋蔥自己會出油（我只知道洋蔥會流淚，電影《食神》裡有演），有營養師鼓吹父母要給小孩子吃代糖，因為糖是毒藥，只有熱量沒有營養，所以吃糖要吃代糖，孩子不會變胖也不會蛀牙。

　　進步的精煉技術讓糖、油、鹽等等沒了營養，可是吃東西難道只求溫飽，而沒有其他目的嗎？我大半輩子寫美食，我先生保師傅大半輩子做美食，現代許多材料或許跟以前不一樣，可是就連營養新知也天天變來變去，過去營養師叫你不能碰的味精，如今可以活化大腦；讓你膽固醇飆高的雞蛋，現在天天吃也沒關係，吃植物油能對抗心血管疾病的說法也被推翻，身處於昨是今非、資訊片段的媒體環境裡，民眾當然要謹慎，但過度相信汙名化與妖魔化的極端訊息，會讓吃飯變得疑神疑鬼不得安寧。

　　為了重新檢視市售黑糖全都含有致癌物質的這則新聞，我上網點進這家雜誌的網頁，結果跳出來的廣告居然是「在台灣每5分26秒就有一人罹癌」，然後跳出下一張是告訴你要去哪裡聽講座，看了實在很無言。

會不會煮味噌湯？

　　味噌湯誰不愛，是涼麵的絕配，加顆貢丸打個蛋花更加美味。可是你不懂味噌，滋味或許熟悉，認識可能不深，有請穀盛食品公司總經理許嘉生暢談台灣味噌。

- 台灣味噌文化始於5、60年前的日據時代，日本味噌則源自中國，在中國稱為大醬或黃醬。如同天婦羅是來自西班牙，但已是日本代表美食。
- 早期移民台灣的日本人，以南部九州鹿兒島、福岡居多，該地味噌味偏甜，色偏淡，台灣深受影響。
- 台灣味噌早期只有工研味噌一家獨大，低價位，不以高級定位，從一包10元至今15元。
- 味噌跟醋一樣，不能用顏色分類，而以原料區分為宜，日本味噌配方便有上百種，其中亦有產區別，如台灣人最喜歡、香氣重顏色美的信州味噌。
- 米味噌的原料是米和黃豆（米多於黃豆，另分濃淡與地域），豆味噌是黃豆，麥味噌是小麥和黃豆。
- 為什麼釀造味噌的原料一定要有黃豆？因為黃豆的膨脹率是兩倍，蛋白質含量高，分解的氨基酸亦高，滋味較甘，是發酵味噌的基礎溫床。
- 味噌色淡，代表熟成時間短，而且溫度低，所以風味絕對不及深色味噌。
- 由於日本味噌大量進口到台灣，消費者逐漸認識一盒幾百元，來自日本不同地區，不同原料製造的味噌（可至SOGO百貨、微風廣場等頂級

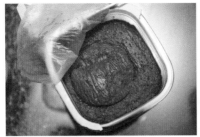

顏色較深的味噌不代表陳年。

日本進口，無添加味噌的標示好清楚。

日本傳統釀造味噌的大木桶，在許嘉生看來不一定衛生。

超市一窺）。

- 現在賣味噌的是不只有工研，穀盛也有，還使用非基因改造的黃豆，生產米味噌和豆味噌，質地不差，價格卻比日本便宜很多。

- 製味噌先製麴，用米發酵是米麴，用小麥是麥麴，用豆是豆麴，凡是穀物均可製麴，例如米味噌的原料是米、黃豆和鹽巴，先用麴發酵米或豆，所以不限是米麴，其實味噌製作方法與醬油很類似。

- 製麴是中國人最驕傲的技術，西方國家遠遠不及，西方釀啤酒令小麥或大麥發芽，再把芽糖化，只能如此而已。中國人製麴一做蔓延一整片，但味香的是麴，味臭的是霉，僅一線之隔。

- 台灣味噌都用白米和黃豆當原料，少用小麥，除了取得不易，小麥有黑膜，做成味噌之後有黑點，不明就裡的人以為味噌有雜質或是已發霉。而且麥味噌的味道比較特殊，沒聞過的人不習慣。

- 黃豆也有白和黑兩種肚臍，以前只有黑臍，若沒磨細，也容易被誤會味噌有雜質。

- 黃豆有黑臍與白臍，一般都認為黑臍是基因改造，白臍則是非基因改

造，但這是大大錯誤的觀念，基因都可以改變了，黑變白，白改黑，又有何難？主要還是要看來源判定。

● 今天如果我們還有糧食吃的話，盡可能不要選擇基因改造的食物。如果單純用豆漿來比較，非基因改造的黃豆比較有甘味。

● 對味噌和醋的品質標準，應該以甘，就是氨基酸的高低為標準，與醬油相同。

● 在台灣製造淡色味噌，只要7天即可，但日本信州味噌則需要2個月。一方面是因為溫度，另一方面是發酵程度，台灣人愛的淡色味噌是風味比較少的味噌。

● 市售味噌大多加了酒精與防腐劑來殺菌穩定品質，即使是從木桶中拿出來的味噌，也已經終止發酵生命，放再久也不會變陳年。在台灣也沒有人用木桶製作味噌了。

● 味噌會褐變，褐變也不代表陳年。

● 豆味噌注重鮮，源自名古屋的八丁味噌，即一般人所說的赤味噌，滋味帶苦，裡面還是有米的成分在；金山寺味噌就是麥味噌，會加一點兒蔬菜去發酵，種類也很多。

● 想在家裡煮出好吃的味噌湯，應該每一種味噌都放一點，滋味中和才美味。

● 台灣人愛喝味噌湯，卻不會煮味噌湯，煮一碗好喝的味噌湯有幾個訣竅：

一、柴魚和小魚不要留在湯裡久熬，腥味和苦味都被熬了出來，煮出鮮味即撈除。

二、湯裡放些蔬菜，增加湯頭的自然甜。

三、熄火前才放下味噌攪勻，不要擔心味噌沒煮熟，因為味噌本來就是熟的。

↑沒有包裝，放在木桶中的味噌，並不代表還在繼續發酵中。

↑20多年前採訪松本信州味噌，知道味噌也有熟成年份之分。

→味噌本來就是熟的，煮得愈久，營養愈少。

↑嘉義新來源生產沒有任何添加，需要全程冷藏的味噌。

↑味噌除了煮湯，還能漬物。

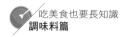
大同電鍋做鹽麴

冷凍海鮮賣得嚇嚇叫的上品國際執行長顏志杰，請我試吃與日本料理師傅郭宗坤共同開發的冷凍熟成魚，包括鹽麴或酒粕的鮭魚或鱈鰈共四種。魚肉解凍，烤箱烤熟，非常方便，而且鹽麴的效果顯著，魚肉ㄅㄨㄞ ㄅㄨㄞ充滿水分，纖維變細，甜度提高，尤其是煎熟的鹽麴鮭魚切塊，肥肥的鼓起來像綠巨人浩克。

鹽麴源自數百年前日本東北地區，最近幾年有關美白、抗老等養生功效被熱烈討論，因而重新翻紅。這股風潮也吹到台灣，許多日系餐廳紛紛推出鹽麴料理，而且不限魚，連豬肉、蔬菜亦適用，不僅用於醃漬還做為調味，所以鹽麴又有「魔法調味料」之稱。

認識鹽麴的時間更早，2012年7-ELEVEN嘗試把日本北海道直送美食的頒布會引進台灣，便帶了一批記者前往北海道，深入工廠採訪日本最夯的冷凍海鮮，其中便包括鹽麴秋鮭。頒布會採會員制要先付錢，當年日本年繳55440日圓，每個月可從三種商品擇一，而台灣則是3個月為一期，每期繳4500元，每個月商品為二選一。從產地直送到府的美食頒布會，振興了北海道的經濟，不過引進台灣並未造成轟動，之後便不了了之。

不過那次的北國行收穫頗豐，走訪札幌、函館、室蘭三地，採訪最大的鯨魚肉加工廠，花枝細麵自動加工廠、漁獲拍賣與零售市場、冷凍物流系統，還跑到百年老店五島軒正經八百吃咖哩飯，在倉庫改建的挑高餐廳裡大嗑西餐。

室蘭海鮮加工廠的老師傅並沒有把鹽麴當作不可說的秘密配方，當場拖出幾尾從鄂霍次克海域捕獲的秋鮭，切成塊，丟進水，全解凍，撈出來，丟進滿是鹽麴的箱子裡，拌一拌，用塑膠布蓋起來，冷藏待熟成。

穀盛公司生產的鹽麴需冷藏，營養成分比日本　　日本北海道室蘭海鮮加工廠，將鹽麴鮭魚
常溫瓶裝為高。　　　　　　　　　　　　　　做為宅配的高級禮盒。

緊接著讓記者試吃醃過鹽麴，以及什麼也沒醃的兩種煎鮭魚做比較，當
時便對鹽麴鮭魚留下了深刻的印象，不過日本鹽麴鮭魚很鹹，很想要一
碗白飯來配。

　　出自釀造世家的穀盛食品總經理許嘉生，在「超級美食家」節目細說
米麴變鹽麴的過程，以及日本與台灣鹽麴的不同，還有鹽麴的運用，最
後還大方公開自製鹽麴的方法，居然是一個大同電鍋搞定，把日本流行
食材輕輕鬆鬆變到家裡來。

● 鹽麴簡而言之是鹽加麴。

● 麴是釀酒、製味噌、做醬油的必要元素。

● 把菌接在米上，讓米粒發酵成米麴，有散麴、餅麴、塊麴等不同形
　狀，也有不同發酵天數，例如味噌是使用發酵3天就乾燥的米麴，而
　接麴之後的米，色澤因天數短長而改變，從白色、淡黃色，最後轉成
　綠色。

● 經常有人問米麴要去哪裡買？老實說，愈來愈少人賣。傳統市場有，
　穀盛也有賣，為了讓一般人有機會體驗老祖宗最厲害的發明。

● 除了麴以外，古人也利用酵素將米澱粉轉化成糖，酵素是什麼？口水
　啦！早期原住民釀酒正是透過咀嚼讓小米發酵，當然現在原住民釀酒
　也用麴。

- 日本鹽麴為了方便保存，鹽分在10%以上，但實在太鹹了，自製鹽麴把鹽降低至7%，但記得要冷藏保存。
- 市售日本進口鹽麴在出廠前已經過高溫殺菌，沒有想像中營養。
- 過去習慣用嫩精醃肉，嫩精是一種天然植物酵素，可以軟化豬牛羊肉的組織，形成又Q又軟的口感，但也讓肉完全喪失鮮味。
- 鹽麴醃肉不必太多，取食材總重的10%足矣，肉類海鮮均適合。
- 鹽麴亦可醃蔬菜，抓拌一下即食。
- 日本鹽麴大師來台示範鹽麴料理，把鹽麴當作調味料使用，炒地瓜葉加鹽麴，滋味令人難忘。
- 此外雞肉醃鹽麴，加水煮成湯，味道亦佳。目前正在實驗麵包加鹽麴，冷凍了1個月的麵包解凍後，質地還很柔軟。
- 蛋白質分解酵素在攝氏60度就死了，利用大同電鍋的保溫功能自製鹽麴，可完全掌握攝氏55至60度的糖化最佳溫度。

←《媽媽的蔬食手路菜》作者劉嘉蕙，不但在書中教做鹽麴，也送我一罐，但是她的方法最少要一週以上。

↓麴是老祖宗的智慧，但愈來愈難買到。

←鹽麴醃過再煎香的雞肉，柔軟而多汁，許多日本料理店都有類似菜餚，圖為神樂家。

食譜大分享

如何自製鹽麴？

一、準備一個大同電鍋，並確認三件事：1、插頭要插，2、電線連著電鍋，3、開關按下去。

二、米麴裝碗加清水，調成稠狀，再加入總重7%的鹽巴調勻。

三、電鍋外鍋放一點點水，開關按下去，鹽麴放進去，蓋上鍋蓋，等開關自動跳起，不掀蓋，不管它，持續保溫狀態長達3至4小時，鹽麴即完成。

鹽麴鮭魚讓鮭魚的保水度大增。

蟑螂不吃太白粉？

　　食安權威文長安非常討厭中餐師傅使用太白粉勾芡，他透露，一位知名度很高的電視名廚，在一次公開場合使用太白粉水勾芡，當場被他電得吱吱歪歪，文長安說過最嚇人的一句話是「太白粉連蟑螂也不吃」。

　　初次聽見這句話，內心極為恐慌，確定家中煮菜很少勾芡，也看到電視名廚開始改用玉米粉、藕粉、糯米粉、地瓜粉等來勾芡，但仔細想想，蟑螂沒事幹嘛要吃太白粉？而且老實說，蟑螂也不碰乾麵條和麵包屑啊！不過我曾看過小強夜夜爬上梳妝台，啃光眉筆心，也見過涉世未深的小強，聞到臭豆腐乳立刻繞圈抓狂。

　　我非常尊敬文長安老師，但對於蟑螂不吃太白粉與勾芡不用太白粉都有一點點小小小意見，我先生國宴名廚曾秀保保師傅從來沒有拒用太白粉，因為勾芡在中餐所扮演的角色有附著味道、保持溫度、晶亮光澤、滑口多汁等，用量其實不多，沒有必要將其視為洪水猛獸，並因此改變傳統烹調方法。

(左)如果粉圓像無敵鐵金剛，在一個小時後都沒有糊化現象，恐怕要先把自己練成鐵胃才能順利消化。(右)化製澱粉與色素集合在一起製成的夏日甜品。

(左)純米製作沒有添加其他粉類的糕粿，很快就壞了，因為化製澱粉本身便具有防腐性。
(右)天然澱粉一定有生老病死，如果麻糬冰到隔天還很Q，絕非純米做成。

可是我也觀察到很多食物都不再單純，太白粉等化製修飾性澱粉，像幽靈一樣無聲無息埋伏在各種加工食品裡，又被糊裡糊塗只在乎價格的你大量吃下肚，久而久之習以為常，沒有產生任何懷疑。例如：粉圓不能糊爛、麻糬不能變硬、水餃要薄皮但不破皮、粉絲下鍋煮十秒便熟透、麵條最後一口仍彈牙、各種炊糕粿條耐得起煎煮炒炸冷熱交替都不會碎裂……這些加工品有一個非常明顯的共同特性，就是Q，這才是蟑螂不會碰、蒼蠅不想沾、你天天都有機會吃得到東西。

買了知名粉圓冰，拖了一個多小時才吃，粉圓結構超乎預期中的堅強，表面居然沒有糊化變爛。最不相信市售平價水餃，除了懷疑肉餡的來源亂七八糟，更討厭咬起來是沒有麵香的半透明水餃皮。辦桌吃到最後，如果送上養樂多，我會很感謝，若是彩色麻糬，我會很感冒。彩色來自色素與香精，同樣是看上去剔透晶瑩的麻糬本質是打不死壓不扁，不會老不長斑的妖精，不管冷凍時間有多久，離開了冰箱依然QQQ，是不會稍息只會立正的甜點。

幾年前台灣爆發大規模的毒澱粉事件，不肖業者在澱粉中添加順丁烯二酸，當時邀請食品界的鬼見愁，已退休的衛生署食品衛生處與食品藥物管理局技正文長安，在空中進行深入剖析，讓大家恍然大悟，原來是大家喜歡的Q害慘了大家！為了做出登峰造極的Q，業者無所不用其極，

而且標示不添加防腐劑的產品，也不會發霉腐敗，因為其中的添加物比防腐劑更厲害，不添加防腐劑的標示原來是自欺欺人的障眼法。

- 順丁烯二酸是從燃燒非常不完全的瓦斯中所產生的，主要是還氧樹脂漆的原料，樹脂漆是塗在工廠地板上所用的綠色油漆。

- 澱粉為什麼要加酸？用小時候經常使用的綠色罐子紅色蓋子的漿糊為例，開瓶時總有一股酸酸的味道，澱粉加了酸，不會變硬也不會變壞，這就是順丁烯二酸的原理。

- 不過以前加的是冰醋酸，但冰醋酸是飽和脂肪酸，太過於專情無法容納萬物，逐漸被水性楊花的順丁烯二酸所取代，想黏、想滑、想Q、想彈，結合命中率百分百，因而崛起。

- 太白粉、地瓜粉與部分假蓮藕粉等，都納入21種合法修飾澱粉。其實太白粉尤其是長輩所區分的日本太白粉由荷蘭進口，台灣太白粉從泰國進口，主要原料是馬鈴薯粉。

- 天然澱粉一定有生老病死，但修飾性澱粉只有生，沒有老病死，而硬化、發霉都是老病死的徵兆，例如饅頭擺到隔天表面會發硬，湯圓吹風兩小時會出現十字裂痕，這都是天然澱粉的正常現象。

- 風景區的麻糬雖然註明「不添加防腐劑」等字眼，但不代表其中沒有含有4種法定防腐劑以外的成分，如果是化學成分亦可防腐。

- 添加物不是不能吃，自己要懂得控制添加物的攝取量，新食品管理法上路以後，調味劑、膨脹劑等添加物都要寫得一清二楚，消費者可以更加清楚。

- 澱粉加酸不會變硬，加鹼會變硬，但鹼不只是蘇打和小蘇打而已，要使麵條Q又彈牙，有人加磷酸鹽，泡麵和拉麵裡面都有，磷酸鹽與骨頭中的鈣結合，過量食用很快就會有骨質疏鬆的症狀。

- Q度只要適量不要過量，坦白說，文長安只要聽到強打Q的商品，全都拒買；也希望撰寫美食、介紹美食的人不要再用Q來形容食物的口感。

↑中國粉絲雖然都號稱是紅薯澱粉製成，但也遇過煮不爛像塑膠片的經驗。

↑比較純綠豆與添加化製澱粉的粉絲有何不同？除了外觀以外，化製澱粉粉絲一下鍋不到15秒便可起鍋。

↑金門街上有賣兩種一紅一白的地瓜粉，當地人都推薦前者，認為原料來自地瓜，而且純度很高。

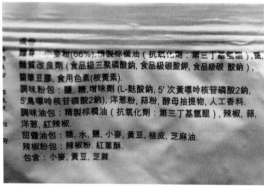

←為了要讓麵條Q，麵粉不但要加樹薯粉，也要加磷酸鹽。

↓菜市場濕潤的綠豆粉皮綠得很不自然，乾燥的粉皮直接標示材料是馬鈴薯。

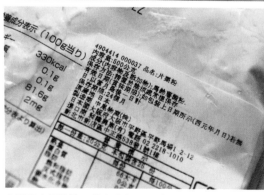

↑從日本原裝進口的太白粉，日本名為片栗粉，其實也是馬鈴薯粉。

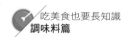

佛心來著的湯品

認識了很久，北投三二行館主廚陳溫仁Jimmy在南京東路四段默默開了一家「SOUP湯品專賣店」。專程前往，看到價格不敢置信。全台灣跟過最多米其林星星名廚的Jimmy，居然在大馬路邊賣一碗最便宜40元，最貴不過80元的湯。

然而一口氣把12種熱湯全嘗了，我皺眉撇嘴，看著Jimmy說：「這麼平淡的湯，你連奶油、鹽巴、香料都捨不得加，是想賣給誰啊！」Jimmy露出一貫的靦腆笑容，小小聲回答我：「就是想賣給嘴巴已經被香精、味精、雞粉等調味劑與添加物搞壞的人啊！妳忘了真材實料煮湯不就是這個味道？」

Jimmy開店給老婆大人經營，連他的老闆都很支持。但喝過了他的湯，大家都很擔心，原本以為是華麗登場，結果卻是素顏亮相。這年頭老實人最吃虧，可是一旦了解了他的用心，就知道這12種湯真的是佛心來著！

12種湯分別是：40元的肉醬蔬菜濃湯、南瓜濃湯（素的，銷售排行冠軍）、昆布蔬菜清湯（素的），60元的洋蔥清湯、招牌玉米濃湯（素的）、蛤蜊蔬菜湯、雞茸花椰菜濃湯，80元的牛肉蔬菜清湯、咖哩羊肉蔬菜清湯、番茄海鮮蔬菜清湯、蕈菇濃湯（素的）、番茄海鮮蔬菜濃湯。

所有湯都是店內自熬，鮮甜味來自多種蔬菜，或者是大鍋熬製的雞豬高湯，不用奶油亦無乳製品。勾芡使用馬鈴薯泥，不是炒麵粉也不是化製澱粉，讓喝湯這檔事變得反璞歸真。

然而反璞歸真是好聽的形容，更具體的事實可能更殘酷。每一種湯喝起來滋味平平，而且顏色也沒多好看，使用蒸熟又搗爛的馬鈴薯來勾

南瓜濃湯是暢銷冠軍，勾芡是馬鈴薯泥，也別妄想有奶油和鮮奶油。

乍看SOUP湯品專賣店的所有熱湯，像綜藝節目明星素顏特輯。

小小湯品店竟用幾個大鍋來熬湯。

芡，看起來半透明又不太均勻，與平常習慣使用的馬鈴薯粉或太白粉的柔滑效果差很多。其中最令我錯愕的是招牌玉米濃湯，好像只是把罐頭玉米醬倒出來加水加熱，重新勾芡而已，連鹽巴都沒加。當面對素顏而無粉飾的食物時，需要有不被驚嚇的勇氣。

然而看起來像不具備深厚廚藝，甚至是有媽媽感覺的湯品時，背後卻有許多看不見的設備大投資。你自己在家熬骨頭煮高湯，喝沒幾天鮮味散失成耗味，你也想用馬鈴薯勾芡，光是削皮、蒸熟、搗爛就夠你忙的。Jimmy下定決心賣好湯，店門小小不起眼，一碗湯只賣40元，但走進後場才知他有多瘋。廚房設備像中央工廠，兩口像泡澡缸的煮湯鍋爐，大得像房間的冷凍庫，執行先進先出管理，建立湯品的SOP。

為了貫徹所有濃湯全用馬鈴薯勾芡，不用速成粉料，他購買了電動削皮機，人工削馬鈴薯皮一袋要花1小時以上，交給削皮機只消5分鐘結束，因此我也笑他，在他的店裡培養不出台灣之光江振誠（詳情請見P195〈跟印傭學做辣椒醬〉）。

Jimmy為了讓客人喝到最真實的湯，還請烘焙師傅量身訂做四款口感扎實有彈性，發酵香氣濃郁的歐式小麵包，有法式、海鹽、吐司、鳳梨等。如果買了湯想配麵包吃，只要再花9元即可得，如果只想買麵包，一個就要付出30元，這種喝湯加價送，也是佛心來著。

吃美食也要長知識

食安權威 **文長安**

- 昔日人工調味靠味精，但更厲害的調味料GMP與IMP出現了，GMP有豬雞牛等葷食材的味道，IMP則有菇蕈等素菜的鮮味，而且吃多了不會口渴，亦不會頭痛。

- 味精已被妖魔化了，然而味精雖沒有GMP和IMP那麼恐怖，但在製作過程中會添加消泡劑與滅菌劑，也不宜多食。

- GMP和IMP是DNA核苷酸的調味品，以單細胞抽出物為原料，乳化脫胺水解再結晶，單細胞就是細菌或酵母菌，因此看到成份中有酵母抽出物時不要高興，因為不是天然生成的，也不是好東西。

- 酵母抽出物抽取用的酵素大多為溶菌酵素，以及產生呈味效果的磷酸二酯、脫胺酵素，如上三種抽取助劑需求量也跟著轉強。就因為添加了如上的抽取助劑，因此也產生了很好的防腐性，也產生了較多的磷，對人體的健康也產生了挑戰性。

- 這些人工培養出來的酵母，為求最大質量與最高品質，全是百毒不侵

一直以為水煮鮪魚罐頭就是清水加鹽巴煮鮪魚，但仔細看，並非如此。

外國的調味料有時候比台灣的好，不會用亂七八糟的粉來混充。

選薄鹽為低鈉，對腎臟負擔較小，但一堆添加物，比鹽巴更難排出體外。

的基因改造，耐酸耐鹼耐熱，在惡劣環境中也不死，它的最大缺點就是沒有缺點。

● 台灣及世界各國現在對基改的細菌及酵母菌尚未管理，顯然全球對調味品的管制相對寬鬆。

● 為了讓味道更完美，GMP和IMP除了添加味精，也加了許多讓味道更美好的緩衝劑，包括：檸檬酸、蘋果酸、琥珀酸、磷酸、酒石酸等等全屬弱酸性，這種東西也有另一種名詞叫pH值調整劑。

● 弱酸性食物本來沒傷害，但其中添加了緩衝劑後，因為太穩定了，無法正常滲透交換，酸性物質進入細胞也出不來。

● 經過GMP或IMP調味的食物，都處在很平穩的弱酸性環境中，而這些食物因為成本較低，風味很好，大量存在生活周遭便利的通路中，以及平價的小吃餐廳裡。

● 現代人經常性外食，血液將從正常的極弱鹼pH7.3，逐漸變成pH6.0至5.5的弱酸，導致細胞酸化，血液濃度大，流速減緩，代謝變慢，尿酸增高，長期以來體質改變而不自知。

● 若不能避免，或是減少外食機會，就記得一定要天天大便，吃一頓大一次，加速細胞代謝，不會因為囤積過久而造成傷害。

↑老上海菜館的雞火干絲，最能顯現高湯的滋味。

←老上海菜館老闆彭永寶入行半世紀，每天堅持熬三桶高湯做調味。

教你吃，
規矩吃

跟著老法吃長棍

　　愈來愈多人喜歡沒有添加大量糖和油的歐式麵包，尤其在一波波食安風暴後，歐式麵包的天然與健康受到重視。不知道你是不是跟我一樣，獨自鍾情法國長棍baguette，而且吃法很單調，切片塗奶油，就這樣一整條，傻傻吃光光？

　　講得一口流利的國語，來自法國諾曼地，經營Cellier煦利品酒藝廊（喝酒勿開車），在空中經常逗得聽眾哈哈大笑的男神卡卡Guillaume Cadilhac卡佑民，有一次聊到法國人怎麼吃長棍，才讓我驚覺法國人對長棍的依賴。每日三餐連下午茶都少不了，而且在餐廳裡拿長棍沾湯可以，抹盤底卻不行。老法說長棍，教你吃規矩、嘗滋味。

● 卡卡的家鄉在諾曼地，他爸爸周六早上固定買一堆長棍回家，所以一周只有周六是吃新鮮出爐的，其餘冷凍保鮮，吃時再回烤。卡爸還很浪漫的，帶一朵玫瑰花送給卡媽。

● 法國人愛吃長棍硬麵包，軟軟的吐司很少吃。

↑卡卡説，酸黃瓜要挑小的才酸，大的太甜。

←法國小孩的下午茶是長棍塗奶油夾巧克力片，咬下去，巧克力片會從屁股滑出來。

↑卡卡説一輩子吃長棍，從沒注意上面有幾道刀痕。

(左)長棍裡夾起司,而且要夾很多,味道重的更好。
(右)吃長棍夾什麼,風乾火腿、沙拉米、香腸都是好朋友。

● 台灣有麵包店販賣不太正統的長棍,上面塗了厚厚一層混合砂糖的奶油,其實在法國是塗上攪進鹽巴的奶油。

● 法國人把長棍當早餐的吃法是:長棍對切兩半再橫剖,裡面塗上大量的奶油與果醬或巧克力醬等,沾咖啡弄濕了吃。

● 長棍到了午餐要吃鹹的,而且是進咖啡館吃,一樣對切橫剖,塗大量奶油,夾上老鼠愛吃、有洞洞的艾曼塔起司,豪華一點的再夾火腿片,也有塗奶油加香腸的選擇,但是飲料搭配一定是啤酒或紅白酒,最後來一杯義式濃縮咖啡收尾。

● 法國人有一半人不吃下午茶,但是小孩子一定要吃,吃的還是長棍,但變短變胖,長約30公分的長笛麵包。同樣橫剖開來,塗上奶油,將巧克力片整齊排列,一邊大口咬,一邊頂住下面回推,因為巧克力片會從麵包屁股滑出去。

● 晚餐吃長棍,就是一般所見,切圓片塗奶油,但法國在外吃飯會拿麵包沾食湯,不會用麵包刮抹盤底、刮醬汁,因為此舉動不禮貌,但回家會拿麵包刮盤底,吃得一乾二淨。

● 法國天氣乾燥,麵包可放專用盒好幾天,但台灣潮濕可不行,麵包一下子就軟掉。

● 已經乾硬的長棍,泡在蛋液裡用奶油煎香兩面,並撒上糖粉和肉桂粉食用。

● Croissant可頌不念「可」,要念「垮」。baguette長棍不念「把給」,而是「把給特」。

　　男神卡卡推薦好吃,c/p值又高的法國長棍,在南京東路近中山北路口的大倉久和飯店,此外布列德的經典軟法也不錯。但是經典軟法很柔

軟，必須先冷凍，再切片，放進烤箱只烤一面，奶油、果醬隨你塗，但果醬厚度不得少於1公分。

2008年第一家法國品牌麵包PAUL登陸台灣時，曾在中國時報針對部分飯店與名店的法國長棍進行超級比一比的盲眼測試。當時的評審之一，台北晶華酒店法籍西點主廚羅倫Delcourt Laurent一邊撫摸各家長棍，一邊發出陣陣訕笑，某家飯店的法國長棍又胖又白又長，但一不小心會軟下去，為了測試硬度，還與另一位評審電視主播趙薇，像星際大戰一樣用長棍打來打去，最後盲測的結果，勝出的竟然不是各大飯店，而是獨立店家「珠寶盒法式點心坊」。

全台唯一法國工藝大師指導，並以其名命名的Lalos Bakery駐店主廚Guillaume Pédron表示，傳統法國長棍有規矩，材料只能有麵粉、天然酵母或老麵團、清水與鹽巴四種，每根長棍的生麵團為320克，烤熟後變275至285克。長度基本上沒有限制，但一般在50公分左右，「至於表面要不要有刀痕？則沒有硬性規定，有的有，有的沒，像Lalos的劃了六刀，主要是為了美觀。」

↑台灣美女Ellie周嫁給法國帥廚Guillaume Pédron，從此餐桌上不論是吃麵或吃飯，都少不了法國長棍。

←Guillaume Pédron說，法國人習慣把長棍麵包夾在腋下帶回家。

(左)法國銀塔餐廳的麵包，跟其他米其林餐廳一樣，都很精巧。(右)從切面判斷法國長棍的好壞，很多大氣孔是長時間發酵的結果。

美味過四關，如何判別法國長棍的好壞？

遠觀：烤色焦黃而非淡黃，體態均勻，沒有歪頭，亦不臃腫，當然絕非軟麵包。

刀切：下刀清脆，外殼薄而酥硬，內裡柔軟有彈性。

近瞧：斷面氣孔有大有小，分布均勻，大氣孔集中在中間。

細聞：天然發酵的酸味持續散發，聞了肚子很餓。

手捏：外殼不會一片片像皮膚病一樣掀起剝落。

口嘗：被堅硬外殼戳破口腔內膜是正常的，白色內裡是濕潤柔軟。

Guillaume Pédron表示，長棍製作的技術高低，從氣孔大小即可窺見，由於好的長棍使用極少的酵母，在室溫與冷藏之間來來回回進行最長30小時發酵，所以大氣孔極為漂亮。若是看到切面氣孔全小小的，而且排列很緊密，這條長棍是不及格。

四年前來台工作的Guillaume Pédron，今年四月娶了同集團同事，台灣美嬌娘Ellie，他愛屋及烏隨妻姓，取了中文名字周吉雍，Ellie說，法國人真把長棍當主食，在家不管是吃義大利麵或咖哩飯，即使吃飽了也要撕一塊長棍麵包刮一刮、抹一抹，才算是吃完飯，我以為跟日本人吃拉麵配白飯是同樣邏輯。

在台灣，由於歐洲米其林餐廳主廚來台開店，也把法國流行，兩頭尖尖，身形變小的迷你長棍帶到餐桌上，這種麵包又為Fusette或Petite Baguette，去年造訪巴黎最知名榨鴨料理的銀塔餐廳，就是吃這種令人欲罷不能的小長棍。

問Guillaume Pédron，法國人什麼時候吃可頌？他回答：早餐。那又什麼時候吃長棍，「All Day，長棍是唯一主食。」

義式燉飯不裝熟

PINO義大利燉飯專賣店主廚謝宜榮來上節目，一開口便吐苦水，不少客人跟他抱怨義大利燉飯沒煮熟，所以他今天要公開教做「全熟又彈牙」的義式燉飯。

首先在教做之前，得把話說清楚，正宗的義大利燉飯本來就不該熟，很多人吃到米心仍硬的燉飯，對廚師做出很不禮貌的動作與評價，讓許多堅持做正宗燉飯的師傅感到沮喪，為了做生意不得不煮全熟。這讓我很意外，義大利料理在台灣流行多年，客人還是搞不懂，也無法尊重，就像義大利披薩不是都會拉絲，會拉絲的起司也不一定是好起司。

可是很多人也表示：「我喜歡吃義大利燉飯，也知道米心不熟才正宗，可是咬起來硬邦邦並不好吃，該怎麼辦咧？」謝宜榮說，沒關係，修正一點點，也能做出口味道地、米心全熟，又不失個性的義大利燉飯。

一、燉飯先熬湯：燒滾一鍋水熬煮雞骨頭，1公斤雞骨加2.2公升清水，煮沸轉小火煮2小時，熬好雞高湯。

二、煮飯五分熟：米1杯洗淨，加0.3杯水，入電鍋煮到五分熟。（台灣米就好，反正又不是吃正宗）

三、配料切配好：洋蔥半顆、大蒜1顆、紅蔥頭2顆全切碎。

四、爆炒細碎料：熱鍋加橄欖油，中小火爆炒以上蔬菜辛香料。

五、材料全下鍋：去皮雞肉切一口大小（或是花枝、蝦仁等海鮮料，或是節瓜、番茄、蘑菇等其他蔬菜），與煮熟的飯一起入鍋。

六、加湯繼續炒：先加150cc高湯，轉中火煮沸，收到湯汁變乾。

七、再一次加湯：再加150cc高湯，同樣炒到汁收乾。

↓謝宜榮公開燉飯偷吃步的秘訣，教大家做出彈牙又熟透的義式燉飯。

↑謝宜榮（中）開放住家做私廚，招待朋友，也歡迎美食同好包場。左為保師傅，右為85度C總監尹自立。

←位於天母的PINO義式燉飯專賣店，在樓梯上寫出各國的飯字

←小小一家PINO，使用近50個平底鍋，做出現點現做的燉飯滋味。

八、第三次加湯：又一次150cc，一樣炒乾，三次共450cc高湯。（若覺米仍太硬，可再加150cc）

九、調味磨起司：加入鹽巴和黑胡椒粉，起鍋前，磨進帕馬森乾酪，快速攪勻即可盛起。

謝宜榮是台灣知名的義式料理師傅，早年在飯店向許多義大利師傅學藝，最近幾年獨立開店。在掀起全台拿坡里披薩的熱潮後，又把興趣移轉到義式燉飯。然而諷刺的是，20幾年前在凱悅飯店，他就看過客人為了燉飯沒熟而咆哮退菜，如今同樣的狀況也在他經營的PINO發生，「幾乎每週都有，客人抗議燉飯沒煮熟。」

這到底該怪誰呢？回想20多年前第一次吃燉飯的經驗，義大利師傅嘮嘮叨叨說米心不熟的燉飯有多好吃，我嘴裡咬著半生不熟的堅硬燉飯，仍打從心眼裡尊敬他堅持傳統的做法。可是忍不住想偷看外籍師傅的牙齒，不知道除了月亮比我們圓，是不是牙齒也比我們硬，否則明明是吃飯，咔啦咔啦的聲音竟然有一種母雞啄石頭的錯覺。

之後又多吃了幾次，才發現義大利燉飯的美味關鍵，是拿捏到恰到好處的生熟，一粒米到底要怎麼熟才好吃？是從外到裡的漸層熟，其中還分中心點是幾分熟？是整粒米統一熟，像電鍋煮飯一樣均勻？還是非常熟，熟到米粒表面生糜，內裡糊化？其實眼看口嘗，很容易就分辨得出哪一種燉飯最好吃，而且也不必自備大鋼牙。

烹煮義大利燉飯若講究，一定使用燉飯專用的進口米，最常見為阿勃瑞歐Arborio（小粒）和卡納羅利Carnaroli（大粒）。入鍋前不必洗，保留米粒澱粉，生米用油炒過，逐次少量倒入高湯，而且不必一直炒，只要翻翻就好，以免米粒碎裂、澱粉太快釋出，仔細觀察熟度再追加高湯。

謝宜榮師傅教做的偷呷步，米飯先煮五分熟，但仍要分次加入高湯，讓米粒一步步慢慢地吸足水分而變得渾圓飽滿。節省了一些烹調時間，但沒有更改燉飯好吃的原理。

咬下去粒粒都有彈性，而不是沒煮熟的硬邦邦，好吃的義大利燉飯正

↑戴安娜王妃喜歡的巴薩米哥醋燉飯，真是樸素到不行。

←Ristorante Europa 92總經理Luca Clo'好熱情。

是漸層熟的狀態，由外到裡，從熟至生，澱粉微微釋出，但還是透過咀嚼，不是一入口就有米香。為了精準辨識義大利燉飯的最佳狀態，早年一遇到燉飯就改變吃相，別人是一口口嚐，我是一粒粒啃，用漏風的大門牙嚼食，記憶美味義大利燉飯的生熟度。

去年薄多義餐廳邀請義大利摩典那Ristorante Europa 92主廚Fernando Patano來台中客座，Ristorante Europa 92是世界三大男音帕華洛帝所成立，端出來的都是大師最愛的家鄉菜，其中包括戴安娜王妃推薦，被英國皇室列為宮廷宴客菜的經典摩典那巴薩米哥醋燉飯。

巴薩米哥醋Balsamic Vinegar的主要生產地正在摩典那，據說是一批被遺忘在橡木桶中的葡萄酒，久而久之酸化成醋。如今做法已改，把特定品種的葡萄汁先濃縮，再倒入老橡木桶中發酵，並不斷換桶，就像釀酒一樣，等待歲月變出又黑又濃又香的陳酒醋。國內頂級超市可見標示至少3年至25年的巴薩米哥醋，年份愈老，瓶子愈小，而25年老醋一定鎖在玻璃櫃裡當展示品，身價好幾千元。

等待經典摩典那巴薩米哥醋燉飯上桌前，得先聽這道菜的故事，與英國王室有關，也突顯完美燉飯的超高難度。說故事的人是Ristorante Europa 92帥氣總經理Luca Clo'本人。

　　戴安娜王妃兩度造訪餐廳，指定要吃巴薩米哥醋燉飯。王妃回到英國也推薦莎拉公主必須專程前往一試，而莎拉公主吃完了甜點才想到燉飯，在吃得飽飽的情況下，也被燉飯給收服了，回到英國說給女皇伊莉莎白二世聽，並命御廚重現此菜。御廚打越洋電話給Fernando主廚，聽口述照著做，結果公主搖頭說不對。御廚請Fernando快遞所有食材到英國，還是做不出令主子滿意的味道，最後只好親自跑一趟，停留在摩典那近兩週學做這道燉飯。總經理面露驕傲表示，巴薩米哥醋燉飯已列入英國王室招待貴賓的正式菜色之一。

　　一口氣收服英國三位最屬害女人的胃，經典巴薩米哥醋燉飯終於上桌，素到不能再素，這正是義大利人愛吃的燉飯模樣。但若沒先講清楚，台灣客人可能會翻桌，除了幾片乾酪和外圍那圈黑醋，乍看是沒料的燉飯，但乾酪與黑醋足以烘托彈牙燉飯的真味。

　　從高雄發跡的薄多義平價連鎖餐廳，在北中南三大城市迅速竄起，年輕有為的老闆湯皓雄，雖然做出迎合在地人的義大利料理，但仍不放棄正宗口味，並邀請東京米其林一星餐廳主廚Yahei Suzuki共同籌備全新品牌。Yahei Suzuki從去年起來台巡迴指導各店廚師，以他年輕時在義大利各地餐廳學習的經驗，一一介紹義大利各省美食的特色，讓台灣廚師認識道地但不一定認為好吃的義大利菜，就如同燉飯。

　　Yahei Suzuki挑明表示，「從生米炒到熟飯的義式燉飯，對熟悉米食的日本人和台灣人而言真的很難接受，即便如此，還是要從最基本學起。」

　　我跟著其他廚師一起上課，認識皮埃蒙特省Piemonte的歷史背景、食材特性與料理手法，觀察Suzuki主廚的一舉一動，透過翻譯了解倫巴底Lombardia附近的稻米產量達義國的一半以上，加上巴羅洛Barolo和巴巴瑞斯科Barbaresco等義大利代表性紅酒亦產在此區，所以Suzuki主廚便示範了一道紅酒燉飯（未滿18歲請勿飲酒）。

　　熱鍋加橄欖油爆炒紅蔥頭片，緊接著倒入大粒的Carnaroli，「做燉飯的米一定是1至3年的舊米，因為水分少，吸收力強，給什麼味道就吸什

↑Yahei Suzuki在東京的義式餐廳已連續七年拿下米其林一顆星。

→義大利燉飯最後的完成步驟就是海波浪。

↑最常用於燉飯的米是卡納羅利Carnaroli。

↑紅酒燉飯是皮埃蒙特的代表菜餚，酒香米香混合起司香，愈嚼愈香。

↑將卡納羅利Carnaroli與台灣米放在一起比一比，大小真的差很多。

麼味道。」Suzuki持鏟翻動，確定每粒米都沾上了油之後，便把Barolo紅酒嘩一下倒進去，翻勻後就把在旁加熱等候的雞高湯淋入，高湯量不多，也不急急炒，「高湯分次入鍋，是確保米粒完全吸收；不用冷湯而用熱湯，是避免舊米因溫差而裂開，也不讓米粒表面溫度跑掉。」

Suzuki把鍋鏟交給小廚師，叮嚀他看狀況加湯翻炒，不浪費時間繼續教做Ravioli del Plin雞豬肉餡小麵餃，以及利用隔夜硬麵包做沾醬的Bagnotto Verde，而機伶的小廚師在經過四次加湯翻炒後，呼喚Suzuki前來確認，於是我終於看到了義大利燉飯最經典的「海波浪」。

加入奶油塊與倫巴底生產的Grana Padano乾酪粉，Suzuki執鍋離火，身體微彎，以快動作攪拌燉飯，讓燉飯有如大海波浪般翻出鍋緣又不溢出，就像衝浪高手站上浪頭的那種令人緊張的形狀。

Suzuki除了用鹽巴調味，還偷偷撒下一把糖，「因為這瓶紅酒開了2、3天，味道已經發酸了，所以加糖調整一下。」跟英國王室喜歡的巴薩米哥醋燉飯一樣，都是素素沒有料的皮埃蒙特紅酒燉飯，顏色如熟藕般粉嫩，入口有紅酒的甘醇，最重要的還是粒粒分明的口感，在咀嚼間品嘗在地風土的滋味。

←難忘義大利米其林一星餐廳主廚Igor的燉飯，以及隨行採訪他做義大利肉丸子麵給偏鄉小孩吃的情景。

↑文華東方酒店bencotto義式餐廳有米其林餐廳名廚親自坐鎮。

義式燉飯需要加入大量起司，拉不拉絲並無絕對。

二十歲屁股的蕎麥麵

幾年前採訪過一位日本老師傅，他背著蕎麥粉與製麵工具，徒步數小時進入日本震後災區，用一碗碗熱騰騰的蕎麥麵，撫慰受創同胞的心。72歲的渡邊孝之頭綁毛巾，腳踩木屐，身體佝僂，前後搖擺，使勁施力，把灰色粉末揉成光滑麵團，滿頭大汗的他揉完麵，還半開玩笑告訴我：「要記住這個麵團的觸感，是20歲小姐的屁股喲！絕不能是25歲。」20歲小姐屁股的蕎麥麵，也是我吃過最感動的一碗無料的蕎麥麵。

邀請東京知名泥鰍料理店「駒形」第六代傳人渡邊孝之來台傳授蕎麥麵的，是欣葉餐飲集團董事長李秀英。李阿姨告訴我，渡邊先生非常喜歡台灣，50年前專程來台買泥鰍，每年都來，數量超過20公噸，「他多次自願來台教做蕎麥麵，想把這門技術留在台灣，把激勵人心的味道傳承下來。」

原來日本東北發生了311震災，渡邊孝之思忖自己的體力，扛起16公斤的蕎麥粉與簡易製麵工具，坐車加走路總共花了4個多小時抵達重災區仙台南三陸町，為130位難民煮了260碗蕎麥麵，有人吃了一口麵，當場落下淚來。如今他帶著同樣一套製麵工具來到台灣：拼裝式麵板、迷你號揉麵盆、1.2公尺擀麵杖，以及產自福井的現磨蕎麥粉。

渡邊孝之最愛吃蕎麥麵，十幾年前向經營製粉廠的同學橋詰傳三學習最傳統的製作技術，並認定蕎麥麵是他的自慢之味。

渡邊先生全副武裝搓揉蕎麥麵團，除了換上日本廚衣，綁上花布頭巾與圍巾，甚至還穿上最傳統的夾腳木屐，擺開前弓後箭的腳步，膝半彎，身佝僂，一副蓄勢待發的模樣。

果然接下來的20分鐘令人屏息，他的雙手行雲流水，身體穩定律

渡邊孝之站三七步將全身力量用於揉蕎麥麵團。

撖開麵團看似隨興不費力，但很快便整出長方形麵片。

蕎麥麵團要收摺成一座等邊山形。

渡邊孝之多次帶著簡易蕎麥麵工具來台教學，走時將這套工具留給有心學習的師傅。

製作蕎麥麵有專用壓板和方刀，每根力求大小粗細一致。

動，神情嚴肅專注，全程沒有遲滯或停頓，我的相機甚至還追不上他製麵的流暢。

蕎麥粉過篩的時候，空氣中爆出綠豆粉的生味，從粉→珠→坨→團的過程中發現，渡邊的手原本不疾不徐，變成快速凌厲。一開始是順著廣口淺缽的揉麵盆打圈輕撫蕎麥粉，但隨著清水分3次傾瀉，粉遇水凝結，他的貓爪指法也從慢變快，力道從輕至重，手勢由搓轉撞，伴隨出現的大粒汗珠從額頭滾滾而下。渡邊孝之做蕎麥麵的節奏感，令所有圍觀者為之震撼！

揉麵團全程在揉麵盆裡完成，這與中式製麵不太一樣，全身施力用於前推而非下壓，每一次前推，麵團都捲成漂亮的牛角狀，這代表左右手施力均衡，是經驗老到的師傅才能做得出來。

利用揉麵盆的弧度，固定施力於一方，將麵團搓揉成橢圓，但一端微微收尖，另一端是層層折壓的菊花紋，這時才看到渡邊放鬆神情，拿起麵團讓其他師傅摸一摸，「要記住這個觸感，是20歲小姐的屁股嘛！絕不能是25歲。」

麵團移到麵板，拿出長棍擀麵，棍子卻不緊抓在手，而是輕輕游移，半施力半調整，彷彿含著煞車踩油門，把麵團擀成圓餅，再修整出四邊變長方形，厚度巧妙控制在0.2公分左右。對於麵團能隨心所欲，甚至由圓變方，渡邊以為是不浪費麵團，最後切成麵條也不會出現太多邊角料。

切割蕎麥麵條有專用刀組，折疊起來的麵片其寬度與刀鋒、壓板必須一致，渡邊右手執刀快速下壓，左手拉開蓮花指穩定壓板，快速精準又不歪斜，切出蕎麥麵粗細一致的整齊。

清水煮到8分熟素素的蕎麥麵，小小一碗，唏哩呼嚕吃下肚。這是學日本人的吃法，不說話，不咀嚼，而是任由麵條快速滑過喉頭，溜進胃裡，也任由蕎麥氣息自由奔放。

日本人吃麵的習慣跟台灣人很不一樣，這幾年採訪了不少日本師傅，有的師傅告訴我，日本人吃烏龍麵是不嚼的，吸一口便吞下肚，享受麵條滑過喉間的感覺。我個人不太認同，也沒嘗試過，主要是怕噎死，就像很努力想學日本人吃拉麵要發出很大的聲音一樣，最後只落得甩尾飛濺的湯汁弄髒衣服而已，畢竟想把湯汁順著麵條吸起來是需要更多的練習。

不過從日本人的眼中看台灣人的吃麵習慣，其中有一些令他們非常抓狂，包括：麵條上桌不立刻吃卻一直講話和拍照，整坨麵浸在醬汁裡還抱怨太鹹，把裝在杯子裡的沾醬直接拿起來喝等等，都讓日本師傅看了受不了。10幾年前採訪六福皇宮祇園主廚富田宗太郎，他告訴我，台灣人吃麵速度太慢也太斯文，包括烏龍麵與蕎麥麵都經過水洗冰鎮，麵條本身又無添加，彈性很快便會降低，所以烏龍麵最好在5分鐘內吃完，最多不得超過15分鐘。

吃美食也要長知識

- 蕎麥自中國引進日本，使貧瘠的土地有了收成，一開始是製餅，然後做麵。
- 最近幾年因為養生風盛行，據說蕎麥能清除腸道堆積的廢物，並可改善高血壓高血脂，而讓蕎麥麵重獲重視。
- 蕎麥粉黏性很低，通常混合兩成白麵粉才容易搓揉成團。
- 蕎麥麵不比白麵條，咬起來脆脆的、粗粗的，而不是QQ的、滑滑的。
- 日本超市有販售乾燥的蕎麥麵條，由於消費者不習慣沒有彈性的麵條，銷售量並不好，偶爾會低價促銷，讓識貨者撿到便宜。

欣葉台菜董事長李秀英與駒形渡邊孝之都愛蕎麥麵。

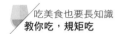 **美食再分享**

幸呼蕎麥麵

　　幸呼蕎麥麵的食器因麵條冷熱狀態而大不相同，沾麵平鋪在竹籠上，冷麵使用深色長形陶盤，熱湯麵使用有氣質帶雙耳的淺色大陶碗，至於沒料的蕎麥湯麵最為平凡。不過如果你要求加麵吃大碗的，服務生端出來的不是碗公，而是捧出一個大臉盆，直徑約25公分，高逾15公分，還加一個木頭蓋子，保證一出場就笑翻全場。

　　幸呼蕎麥麵強調「十割」，割是成數，所以是百分之百的蕎麥。老闆邱智淵表示，師傅來台堅持使用日本群馬蕎麥，但311震災後食材不得進口，轉而尋找台灣在地蕎麥，沒想到把彰化二林蕎麥送到日本檢驗，竟得到品質比日本還好的結果。

　　井川師傅一日早午製麵兩次，麵條切得比較細，煮麵的功夫自然也要好。百分百蕎麥的筋性很低，吃起來不是Q而是脆，我吃的是熱湯麵，麵條煮不到八分熟，第一口甚至還硬硬的（其實許多麵都不Q，湯浸久會斷裂，不快吃會鬆弛）。幸呼提供減麵與加麵的選項，但老實說，正常份量的麵條有點少，吃一口立刻就想追加第二碗。

　　但是這個念頭很快就被緊接而來的天麩羅給打斷了，因為同桌不管點冷麵或熱麵，幾乎所有人都點了最出名的招牌幸呼天麩羅。10種炸物每一塊都不小，而且從一面均勻平坦，另一面呈現水滴狀的麵衣來推敲，天麩羅的濕漿應該很薄很稀，甚至透出食材原色，感到非常誘人。

　　該怎麼評價幸呼的天麩羅呢？單吃，麵衣的外殼很脆，即使沾到醬浸到湯也不輕易回軟。這種炸法與日本道地不同，但我相信台灣人比較偏好這種鋼鐵人般的天麩羅。而且，重要的是，不光是外殼脆硬薄，被包覆的食材呈現多汁香甜，明明是炸雞胸，咬了兩口還以為是炸魚；炸蝦不像外面裹上厚厚外衣，所以覺得細膩，但長度應達15公分；炸南瓜、

炸紅蘿蔔、炸地瓜、炸四季豆都透出蔬菜的清甜，特別是切成梳子狀的炸茄子，裡外質地差異最大；炸鱔魚長得像小風箏，炸花枝額外再裹一層花枝漿，吃起來像沒有添加香料的純正上等花枝丸。

幾道逸品也有趣，日本進口魚板切厚片沾醬油（在台灣都是切薄片當火鍋料或煮麵料，很少這樣切片冷食），味道稍重，但有一種櫻桃小丸子的fu。淋上柴魚醬汁的炸蕎麥餅，第一口咬下很容易誤會是滑口芋泥或山藥，但馬上透出一股淡淡的榻榻米味，其實是蕎麥的真味。

(上)幸呼把冷蕎麥麵放進類似籠屜的食器裡，是延續舊時的精神。

(左下)蕎麥麵吃的不是勁道，而是香氣。名嘴蘭萱也很愛蕎麥淡淡的香氣。

(右下)在日本松本，把熟蕎麥麵放進熱湯涮熱了吃。

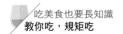
是火鍋不是廚餘

　　跟元香沙茶火鍋第二代老闆吳振豪，談到時下年輕人吃火鍋的習慣，忍不住脫口說出「吃火鍋不是吃廚餘」的感慨。

　　40多年前父親王勇臣在三重菜寮經營代達機械有限公司，幫裕隆汽車做水箱等零件，也幫西門町元香沙茶火鍋設計不鏽鋼餐具與沙茶醬攪拌槽。小時候跟著父親在元香進進出出，元香沙茶火鍋是我最熟悉也是我最愛的火鍋店。

　　邀請吳振豪上節目，細說台灣老店的故事，原來元香是沙茶火鍋始祖清香開枝散葉的品牌。吳振豪的祖父吳元勝從廣東汕頭來到台灣，先開清香賣熱炒，因為生意太好，祖父叫叔公一起來，在西門町紅樓的邊上開賣沙茶火鍋。

　　然後吳振豪的父親吳藩俠另起爐灶，於台北市峨嵋街15號自創元香。除了調整沙茶醬的配方，吳藩俠為了做出市場區隔，在手切肉為主流的年代，購買大型切肉機在客人面前刨出會捲曲的大片冷凍牛肉，而委託我父親製作，印有元香二字的不鏽鋼餐具也成為特色之一，這些在五十多年前都是大手筆的獨創。

　　吳振豪說，這批有碗有盤有匙有碟有鍋的不鏽鋼餐具，表現老一輩工匠技術的極致。元香兩字清楚浮出，收邊拋光毫不馬虎，因為實在太難得了，陸續被客人一一摸走當作紀念品，所以愈用愈少，幾年前便將其束之高閣。至於沙茶醬攪拌槽雖然早已超過使用年限，也經多次維修，也想淘汰換新，但這輩的師傅承認做不出我父親當時精妙的設計，「那支攪拌棒可上可下，能伸能縮，前轉後轉，快慢皆可，實在厲害。」

　　父親的黑手技術，家中五個小孩無人傳承，但是父親教導吃飯的規矩，倒是銘記在心。很愛請客又講究吃的山東老爸，平常吃一頓飯的規

矩就很多，記得小時候餐桌上不只有飯碗、筷子與調羹，還有喝湯的小碗，放菜的小碟，一人一組好不熱鬧，跟外面高級中餐廳比，只差一個筷架。

吃飯前必定吆喝全家一起來，誰也不能不到，等人都坐齊了，爸爸才會上桌。等所有人坐定還不能吃，爸爸要先夾第一筷，其他人才能動筷，而且吃飯時不能亂講話，一定要坐直身體認真吃，否則會被老爸瞪。夾菜要夾靠近自己的菜，飛象過河或挑來撿去可不行，老爸會出暗器，筷子飛出敲痛你的手指。

碗要拿起來，不能放在桌上，是以碗就口而非以口就碗，因為佝僂著吃飯很難看也妨礙消化。拿碗的手勢也不能太醜，雖然是扣住碗緣，但大拇指不能露出太多，而是輕輕扶住碗。筷子不能含在嘴裡，更不可以咬著，除了很難看，還容易反戳受傷。吃飽了碗筷要輕輕放下，絕對不能重摔發出聲音，等大家都吃得差不多了才能站起來，幫忙收拾。

我從小就很笨，兩根筷子要打叉才能夾住菜，學了很久才能像大人

元香沙茶火鍋第二代掌門人吳振豪聊吃火鍋的規矩。

元香沙茶火鍋是從小跟著父親去學吃火鍋規矩的地方。

父親王勇臣製作的不鏽鋼雙層隔熱餐具，在那個年代有申請專利。

一樣，雙箸平行取菜而不掉落。有時候看到美食節目主持人翹食指拿筷子，就有一種想敲下去的衝動。

年輕人或許看這些規矩覺得很無聊，吃個飯管這麼多，但是吃飯真的很重要，而且是全家人聚在一起好好吃頓飯，這是家庭教育的基礎，很多人忽略，失去的不只是一頓飯而已。

父親吃火鍋一向有規矩，入座點菜先調醬，沙茶醬、花生粉、醬油、蔥花、蒜末、香菜末、辣椒末，以及小心翼翼離了蛋清的蛋黃，調醬沒人加砂糖，而且醬油一定是鹹的，沾東西才夠味。

大骨高湯先涮肉，好料永遠先下肚，但涮肉不是下水餃，不能一股腦推進鍋裡，而是一人一片慢慢涮，自己顧好筷子上的那片肉，不能擱在湯裡不管，也不能攔胡搶別人的，所以生熟度自己決定，涮老了也得吃掉，賴不了誰。

肉吃一輪，再以同樣方式涮煮內臟。小時候吃內臟很補，不像現在把內臟當毒藥，包括：豬肝、毛肚、豬腰、黃喉、心管等，涮起來要更小心，否則肝硬了，腰縮水了，毛肚變咬不動的橡皮筋，然而不管煮成什麼模樣，依舊是誰涮誰負責吃下肚。

第三輪才是魚餃和魚丸，以及大白菜和其他綠色蔬菜，鍋底食材全部撈上來以後，把那一碗滿滿的蛋清倒進鍋裡煮成一大塊熟蛋白，讓大家分而食之。最後再用所剩不多的高湯，將壓得很緊的那碗油麵，煮成一大鍋胖嘟嘟的肥麵條，大家都吃一口，連湯也喝得涓滴不剩。

從小跟著父親吃沙茶火鍋，知道如何享受美食，也更加珍惜食材，對食物養成負責的態度。即使面對像超市一般的自助食材區，也懂得節制，不會輕易讓火鍋變成大雜燴，甚至是廚餘桶。

以前吃火鍋，沒有那麼多丸子餃子，現在吃火鍋，沒有這些丸餃反而覺得沒料。有一年採訪建成圓環附近，曾經紅極一時的半世紀老店帝一沙茶石頭火鍋，老闆娘頂著剛SET好的蓬蓬頭給攝影拍照，手中兩盤五顏六色的色素丸餃拚命猛往鍋裡倒，我看了急忙制止，「這樣拍照比較好看，顏色比較多啦！」結果照片拍完了，筷子卻很難舉起來，一鍋丸

↑中國最紅海底撈，來到台灣一位難求，四
款鍋底吃到最後難辨風格。

看到海底撈的沾料台，一時之間不知道從何
下手。

自助式吃到飽的火鍋店走的是選擇多，質不
精的路線。

↑高雄餐旅院長楊昭景引我大啖高雄天天汕
頭沙茶火鍋。

→開在東區的麻辣公館，做的是四川名店口
味的輕爽版，香料超迷人。

港式打邊爐有牛豬海鮮丸餃等多樣食材，依
序下鍋才能吃出好味。

餃使人敗味。老闆簡吉田說，沒有辦法，年輕人喜歡各色丸餃，以前的火鍋料只有四種：魚餃、脆丸、毛肚和魷魚。

帝一在台北也算碩果，1962年開業至今，沙茶火鍋的味道源自清香，石頭則向阿里郎取經。早年門庭若市，一位難求，連林青霞、秦漢、張小燕也曾站在門口排隊等吃。

堅持了半世紀的老店一路走來與時俱進，為了迎合年輕人的喜好，該店率先將一樓改成迴轉單人小火鍋，樓上是自助與單點皆可的傳統火鍋。老闆說，樓下收費便宜，但火鍋料很多，年輕人喜歡，樓上做老客人的生意，價格比較高。

但是很多東西回不去了，即使是名稱相同，質地與味道也不同。魚餃多是工廠生產，再也不是店家自製口味獨特，脆丸很久以前就不是狗母梭做的，如果吃到旗魚做的要謝天謝地，至少比添加香精的卡德蘭膠幸福一百倍，至於毛肚長相很醜，如果沒有加粉發脹，客人稍微涮過頭便咬不動，至於魷魚也為求賣相，發得又大又肥，吃起來等於沒味道的藥水蝦仁。

吃火鍋到底在吃什麼？不管湯頭是大骨湯熬煮還是大骨粉沖泡，遇上摻有調味劑的重組肉，混合香精、色素、漂白劑的火鍋料，再沾上鮮味誇張的沾醬，你真的在吃火鍋，還是在補充人工添加物？計較是大骨湯還是大骨粉其實並沒有意義，煮了一大堆五顏六色包餡爆漿的火鍋料，即使是清水煮也不再健康。

(左)想吃活海鮮火鍋，去找紗舞縭極品集。(右)去89海鮮朝聖，看到數百元廉價不鏽鋼盆涮煮上萬元之昂貴帝王蟹，讓我很錯愕。

有人嫌吃內臟不好，可能有藥物殘留等毒素，或膽固醇過高等疑慮，但對加工丸餃卻是來者不拒，愈多愈好，這種棄原食材而就加工品的選擇，令人匪夷所思。有一次和夜市賣滷味的老闆聊天，20幾種滷味中，賣最好的居然是鑫鑫腸、甜不辣和小豆干，「軟趴趴沒骨頭，一口一個味道鮮，年輕人最喜歡。」

　　除了沙茶火鍋以外，吃海鮮鍋也有規矩，採訪上引水產旗下火鍋專賣店樂烹鍋物，老闆黃奕瑞親自涮給我吃。銅鍋除了清高湯什麼也沒有，慢慢等待熱氣昇華，鱈場蟹才能逐一下鍋，還不是全部而是6塊，只因為3人共食，要以食用人數的倍數，輔以食用速度來決定第二次涮煮的時機。

　　「全部丟下去煮，鮮味和彈性跑光光，吃完一輪再接一輪，才是吃海鮮火鍋的正確方法。」老實說，看他慢條斯理，害我饑腸轆轆，但是計數涮煮，掌握最佳火候，再加上很燙，根本急不了，等待空檔，四目對望，吃蟹也能吃出一番禪意。

(左)我最愛吃阿紅涮涮鍋的羊肉，有4、5種部位可選。(右上)涮煮油花分布均勻的好牛肉，最多五秒。(右下)涮煮活帝王蟹跟涮頂級牛肉一樣，必須小心拿捏生熟。

中華料理唬爛煮

看電視學做菜應該是寓教於樂，但每次轉到這一台的烹飪節目，看到外行主持人加兩光師傅一起胡搞菜餚，總是燃起一肚子莫名火，很想以此為教材從中找錯誤，教導大家正確的家常料理手法。但前提是，我不會看一半就砸電視。

以眼前教做的豆乳雞為例，廚師說豆乳雞用煎不用炸，才不會吃下太多油。所以他把醃好的雞塊，放在完全沒有加油的冷鍋上乾煎，還一直翻面，直至雞塊出水、出油，硬是煎到水分蒸發殆盡，雞塊表面出現很不均勻的焦痕為止。

哎呀我的媽啊！不管是中菜還是西餐，都沒有這麼驢的技法啦！而且隨口說的烹調原理也全都錯，包括：雞腿斷筋無助於快速醃漬，開花刀才能幫助入味，但開刀的地方絕不是雞皮，而在肉的那一面才有意義。

還有用大蒜醃肉不會產生酸化作用，是因為這位廚師既偷懶又無知，長期購買廠商供應的平價水洗蒜，加上沒有好好保存，大蒜已經酸敗了，才會讓其他食材一起遭殃。但怎麼厲害，都比不上主持人的那張嘴，居然一邊嚼一邊說：「豆腐雞是吃軟的、黏牙的。」

接下來示範揚州炒飯，還是遵循上一道的料理邏輯，只為求快速與耍帥，其他棄之不顧，所以配料、刀法、調味順序都不對，還亂掰揚州炒飯的官方標準，雖然這位廚師出身於餐飲名校，但在在顯示平日完全不讀書，也不做功課，連上網點一下的功夫都省了。

最不可原諒的是，這位年輕廚師居然把生蝦仁，還使用最該死的現成半透明藥水蝦仁，直接丟進即將起鍋的炒飯裡，翻兩下就盛出來，根本不給蝦仁變熟的機會，聰明的女主持人作勢挖了一口，沒有咀嚼就吞下

西湖醋魚的味道關鍵在醋，鎮江醋才能澆出正宗味道。

豆腐綻成一朵菊花，至少練習數十年。，菊花瓣細可穿針，並非筷子粗。

把生蝦仁直接丟進快起鍋的炒飯中，這蝦仁無論如何也不會熟。

南京某餐廳做的鍋巴料理，自製鍋巴脆而不硬，米香濃郁，連吃三塊才停。

不管獅子頭是大是小，是肥是瘦，是紅是白，刀斬斷筋，燉煮酥爛才不離正道。

曾經採訪中山北路巷內某餐廳，師傅大言不慚表示，龍井蝦仁是他發明的，當時他滿嘴菸臭，還嚼著檳榔。

去，表演得很不自然，我只能默默祝福她不要跑廁所拉肚子。

最後示範甜點，同樣展現自以為是的料理態度。明明是乾鍋炒砂糖，居然脫口說出正在進行糖的「乳化」。這、絕、對、不、是——乳化，是融化、液化、焦化，狠一點說火化也行，也可以抄襲另一位電視名廚的口頭禪，就說「砂糖正在昇華中」，勉為其難可以接受，但無論怎麼化，最後都不會變乳化。

一邊看亂七八糟、毫無理論的教做，一邊還要聽主持人不斷吹捧這位名廚，甚至以「名聞遐邇，威震中外」來誇張形容他的功業彪炳、無人不識。然而在我看來，此人做菜不但荒腔走板，接近人神共憤的地步！而且誰吃誰倒楣，輕則破財，重則傷身，還透過大眾傳播散布謬誤的烹飪方法與知識，實在可惡至極。

這一台曾造就全台灣最有名的烹飪老師傅培梅，如今同是料理教做，已達慘不忍睹的狀態而不自知，要不是想知道這位廚師做菜有多荒唐，基本上不會捺著性子，憋住火氣，忍下髒話，冒著受內傷的危險把節目看完。

中華料理在台灣，到底發生了什麼事？是不是要斷根了呢？吃過了許多知名度很高的食神、神廚、廚王、廚霸、廚魔的料理，我常常在想這個問題。直到幾個月前去了南部某餐飲名校，擔任一場江浙菜餚比賽的評審，我終於抓到了一點點頭緒。

這是一個關於中華經典料理文化紀錄與典藏的計畫，由老師出題，學生做菜，以9道傳統江浙菜為基礎，做出18道老與新的對比菜餚。而這9道菜分別是：紅燒肥腸、龍井蝦仁、西湖醋魚、鍋巴蝦仁、松鼠黃魚、獅子頭、上海小籠包、鏡鑲豆腐、醃篤鮮。

學生努力上網找資料，翻出9道菜的源起與典故，並以此為據延伸新菜創意，甚至有同學打電話到對岸，詢問菜餚的詳細做法。然而18道菜一字擺開，全都像新派料理，關鍵在基礎不固、傳統不明、邏輯不通、辨味不清，即使創新也只是表象，吃進嘴裡全不是江浙菜的滋味。

先別說草魚沒煮熟，百頁如豆干，酸甜糖醋汁變酸筍五柳羹，連江浙

↑很多食材正在改變，當草魚從1公斤變7公斤時，考驗師傅的基本功力與應變能力。

↓知名創意台菜的超人氣兔子包，廚師用心於造型，但內餡卻是外叫有香精味的豆沙。

↑揚州冶春茶社的船點美，內餡香，自製去皮豆沙，令人回味。

↑揚州炒飯又叫碎金飯，雖然迭起爭議，卻是唯一有國家標準的中華料理。

↑蘇州名店松鶴樓曾來台展示松鼠黃魚。

289

菜「濃油赤醬」的主靈魂全都不到位。

紅燒肥腸是本幫菜的燒肥腸，首先肥腸要用白水先煮軟，煮到手指頭掐得下去為止，才能改刀切塊調味紅燒。道理跟煮紅豆一樣，如果生紅豆直接加糖去煮，整鍋變「啞巴」，沒有一粒煮得開，煮得鬆。另外，江浙菜的濃油赤醬的具體表現就是「醜」，燒到入口即化，燒到食材全倒，燒到收汁發亮，收到最後再來調整鹹甜。

龍井蝦仁是一道季節性菜餚，龍井若不能買到雨前的雀舌，至少也要挑選、採摘到0.4公分的大小，而不是連茶梗都入菜。從傳統變創新，龍井蝦仁變漂亮晶凍，但只有其形，卻完全無味，晶凍可是酒香、醋香或茶香，而且蝦仁是藥水蝦，不懂選料，亦不知蝦仁基本法。

西湖醋魚的烹調重點在浸煮草魚的溫度掌控，以及糖醋汁的酸甜平衡，其中浸煮草魚的水必須要將沸未沸，草魚熟了卻不老。學生把水煮草魚改成草魚丸，創意不錯，但關鍵醬汁卻走了味，同樣是黑醋，工研烏醋絕不能取代鎮江醋，味道不對，江浙轉台味。

鍋巴蝦仁加入大量雞絲反而畫蛇添足，創新版則用菇蕈取代雞絲，雖然強調養生，但味道渙散而失焦。但值得大大誇獎的是，學生不怕麻煩自製鍋巴，咬起來特別脆口，香氣也特別新鮮。

松鼠黃魚除了刀法不對，最大敗筆在使用酸筍。這股酸筍味應該在拆封或下刀時就會聞到，但滋味之酸，用量之大，連整條魚冷透了都還陣陣飄送，顯示學生五感未開，盲目料理。而新版松鼠黃魚以炸魚配莎莎醬，似有幾分英國名菜炸魚薯條的感覺，檸檬汁與水果丁為松鼠黃魚帶來一股清新。

老派獅子頭恰如其分，唯燉煮時間太短，口感不夠酥爛，而且不管是荸薺、豆腐、山藥、麵包粉、饅頭或粉絲的份量，都不能超過絞肉餡的四分之一，新派獅子頭添加南瓜，但南瓜明顯不是獅子頭的好朋友，而且弱化了肉味，必須再努力找出獅子頭的最佳拍檔。

上海小籠包讓我非常開心，因為一向在中菜吊車尾的中式點心，學生竟然捏得有模有樣，打餡亦中短中矩，皮薄餡多汁，從傳統出發變五

行，不但在麵皮上有色彩與味道的變化，在餡料裡也推陳出新，一粒粒端坐在蒸籠裡的小籠包，令人食欲全開。

鏡鑲豆腐從傳統到創新，都讓人覺得是一道壞掉的菜。因為傳統用番茄墊底，創新像天麩羅，醬汁大膽變西瓜汁，前者的果酸讓豆腐有餿掉的錯覺，後者根本是一場兒戲。

醃篤鮮拆開來看，就是醃漬食材加新鮮食材混合烹煮，而且不是清水煮，是濃湯煮。學生很認真，老湯熬了48小時，新版更費工，瀝出了高湯再熬再煮12小時，最後擺進了大陸很流行，像整朵花綻放的菊花豆腐。

但學生太專注於工法，完全忽視湯頭已熬出豬皮臭味，而且醃與鮮，包括筍與肉，鮮筍、扁尖筍、五花肉和鹹肉等四種新舊食材融合，而百頁不是豆干，必須懂得鹼水泡製的技法，才能煮出如雲般柔軟的口感與入口即化的豆香。

中華料理在台灣，到底出了什麼問題？不遵古、不傳承、不紮馬步，全是耍花槍，可怕的是這樣的料理，愈來愈多，愈來愈普遍。別說是老味道愈來愈遠，愈來愈難尋，連新滋味也歪七扭八，乏善可陳。

捏包子捏出漂亮的鯉魚嘴，是讓收口處不會擠一坨礙口麵團。

盲眼試吃我最愛

我是美食記者，認真的美食記者，從民國2002年負責《中國時報》美食版開始，就動腦筋策劃各式各樣的美食專題，其中我最愛的類型是「盲眼試吃」。

什麼是盲眼試吃？簡單說就是把不同品牌的同一類產品集合在一起，在不揭露品牌的情況下，一一試吃比較優劣與高下，並請專家在旁破解，排除品牌印象、名人代言等條件的干擾，深入了解個中好壞。

從日本米、台灣米、超商麵包、法國長棍，到近幾年來積極鎖定沒有人管，卻夯到不行的網購通路，其中包括：類吳寶春的冠軍麵包、從南投引燃戰火的土鳳梨酥、誇大療效的黑木耳露、阿舍等一人份方便乾麵、綜藝節目強力炒作的炸醬麵、掰開來會拉絲的雜糧饅頭，以及由胖達人掀起的天然酵母麵包等等熱門美食。

2002年10月日本米開放進口的第一年，愛吃飯的我想知道台灣米和進口米的品質差異，不但抱著四包標示ABCD的米從台北殺到花蓮，尋找稻米專家判別優劣，還跑到農委會拜託官員破例用日本進口的食味計，測出各品牌數字化的食味值。甚至央求飯店主廚用砂鍋直火烹煮這些白米，以白飯、炒飯、稀飯等不同狀態，比較出何者口感最優。

行徑真的很瘋狂，因為結果實在太有趣了。盲眼試吃猶如照妖鏡，讓真相一一現形，也讓單純介紹餐廳與季節食材的美食報導變得殺氣騰騰，彷彿燕赤霞在對付樹姥姥，戳破許多品牌好感與行銷假象。

例如：全台灣最高價，日本進口越光米的食味值，與台灣西部大廠的大橋越光米相同分數；東部馳名，由農會掛保證的知名品牌米居然混進2、3種米，其中還有糯米。如果以現在媒體對消費新聞漲價一兩塊錢就大驚小怪的態度來看，每一條都是大新聞。

除了試味道，試吃的基本動作包括稱重等計量。

名人擔保的東坡肉豬毛豎立。

一手便能壓扁的歐式麵包，讓外國評審大呼不可思議。

名店出品的江米蓮藕呈現囧樣。

出自連鎖餐廳的年菜宅配燻雞，屁股上有梗。

如果粽子拆開是這副德性，你還吃得下去嗎？

2003年3月各大超商將麵包列為宣傳重點,並請出日本電視冠軍的麵包王站台,真的很想知道非當天出爐的超商麵包有沒有變好吃?能不能與麵包店爭天下?於是請出當時尚在凱悅飯店擔任點心房主廚,現為85度C股東兼總監的尹自立擔任專家,試吃由通路記者一大早騎著機車,跑遍四大超商購買的8款紅豆麵包。

第一次覺得吃好痛苦,當時我為盲測設下摸、聞、吃三關,尹自立眉頭緊皺面對一堆小山似的超商麵包,被我逼著一一闖關。最恐怖的是拉開包裝袋的瞬間,刺鼻香料直衝腦門,像韓國人工美女,美麗卻不真實。

同樣是麵包,2011年鎖定市場最熱門的冠軍麵包進行盲測,由於桂圓紅酒與荔香酒釀是頂著世界麵包大賽冠亞軍頭銜而爆紅,市場上除了本尊,也有不少山寨。記者算好時間,透過網購和店取,確認各家麵包出爐的時間在同一天,以避免鮮度影響試吃結果。另一方面既然是拿下世界冠軍的歐式麵包,所以邀請的專家全是外國人,包括德國和法國的麵包師傅,以及瑞士籍主廚,但有趣的是,在還沒試吃之前,外國師傅看冠軍麵包就出現一大堆觀點。

外國人看到大麵包就像台灣人看到白米飯,是配菜的主食,但撕開冠軍麵包,裡面夾滿果乾、花乾、堅果等,有的多到夾不住而跌出來,專家第一個問題是:這款麵包要在什麼時候吃?當飯吃嫌太複雜,當甜點又不夠甜,為什麼台灣人可以接受個頭如此大、料包這麼多的麵包,卻對擁有完整香氣與嚼勁的法國長棍等素麵包興趣缺缺?

老外當然不懂,台灣人從來沒把麵包當主食,也不曾把麵包當作甜食,所以才能做出突破類型又豔驚四座的麵包,並在台灣掀起流行風潮而自成一格,然而最後的試吃結果也令人跌破眼鏡,外國人選出的冠軍麵包中的冠軍,並非本尊出品,而是由一家麵粉進口商直營的麵包店勝出,理由還是回歸到麵包體的本質,而非讓人眼花撩亂的什麼乾什麼果。

另一場精采的盲眼試吃發生在土鳳梨酥。近幾年因為網購而竄紅的商品,都擁有一段感人的故事,以前對於踢爆鳳梨酥的內餡不是百分之百的真鳳梨而感到得意,之後深入了解,鳳梨餡添加適度的冬瓜泥不只為了節省成本,最重要的是考量口感。然而土鳳梨的纖維更硬,產量更少,台灣哪來那麼多

南僑集團會長陳飛龍多次擔任盲眼試吃評審。

南僑集團會長陳飛龍擔任年菜評審時的紀錄。

盲眼試吃的陣仗與規模非一般人可想像。

感謝這麼多年來，跟我一起試吃，並勇於說出真話的朋友們，包括女食神莊月嬌。

依照指示加熱的冷凍年菜，菇蕈竟然連根帶土。

盲眼試吃，竟吃到類似牆壁剝落下來的油漆水泥。

外國師傅看類吳寶春麵包，引爆了東西差異觀點。

土鳳梨酥？網購的又是哪家最好吃？

　　找來對產業頗為熟悉的飯店點心房主廚當評審，記者調來20餘款土鳳梨酥在報社小會議室裡排排站，非常內行的中點師傅亦有備而來。試吃前先拿出兩盒東西與三瓶藥水，盒子裡裝的是糖水煮土鳳梨與糖水煮白蘿蔔，讓我盲測兩者口感居然差不多。同樣請我閉上眼睛，憑嗅覺辨識3小瓶的香氣，結果我聞到了濃濃的麵包香、鳳梨香與焦糖香。

　　什麼都是假的，什麼都可以做出來，有了假經驗做比較級，回過頭來再試吃滿滿一桌的土鳳梨酥，忽然發現自己茅塞頓開、耳聰目明。跟著專家閉著眼睛先聞一輪，有的鳳梨酥幾乎沒有香氣，而是化學原料的怪味，有的散出臭油耗味，小小會議室隨著鳳梨酥一一開封，交疊彌漫的氣息令人噁心反胃，甚至頭痛欲裂，到底我們吃的是什麼？感覺愈來愈聊齋，幻象幾乎取代了真實。這個專題見報後，網路上賣香精鳳梨酥的業者上警察局告了當評審的廚師，寫稿的記者也差點兒從證人變被告，最後該店消失在網路中，有人說，是換名另起爐灶。

　　瘋狂策劃各種專題，當然包括過年前針對飯店現煮年菜和超商冷凍年菜進行的盲眼試吃。這麼多年下來抓到飯店宣傳佛跳牆裡的鮑魚有一斤重，結果是連殼稱；魚翅撈出來明明只有9兩多，新聞稿上卻寫足足有24兩之多，當年這篇鑑定結果被總編輯提版，成為當日《中國時報》的頭版頭條，其他媒體跟進，吵得沸沸揚揚。

　　而超商年菜鑑定也不遑多讓，熱湯裡出現橡皮筋，鴻禧菇給整坨連根還帶土，五花肉冒出根根白毛，雞尾巴全是雞毛梗，捆蹄拆封像得皮膚病，烏參佛跳牆沒烏參等等狀況。

　　每回鑑定年菜，總有幾道非常離譜的菜被我當場退回，或請公關到場確認是否有誤。早年將現場狀況直接見諸報端，未留任何轉圜餘地，業者高層暴跳如雷，雖然關起門來檢討相關人員，但對外仍將砲口指向我，不但透過關係跟報社長官老闆告狀，甚至死鴨子嘴硬，咬定鑑定有問題，評審沒水準，王瑞瑤故意找麻煩。

　　早年人力不足時舉辦評鑑非常辛苦，我不希望報紙的權威被人質疑，所有鑑定都在總社進行，不讓餐飲業者出面幫忙或參與現場，但是超商冷凍年

↑從評審表情便能窺見這四罐冷菜的評比結果。

↗這不是拜拜，而是在飯店試吃台灣米。

→超商冷凍年菜在評比前一天全部湧入我家。

↑閉眼吸氣，發現網購土鳳梨酥的味道全像這罐香精。

↑邀請包括讀者共20位一起評鑑月餅，八小時後，評審默默逃走，最後只剩下10人。

↑評比網購炸醬麵，吃出人氣品牌的悶臭味。

菜例外。報社沒有加熱設備，所有冷凍菜在前一天送到我家，進行解凍、稱重、查標、記錄等工作，搞到凌晨2、3點才弄完，然後睡不了幾小時，又得趕忙把佛跳牆蒸上、開水燒好，等著評審上門展開馬拉松試吃。即使熱菜、試吃、討論等過程非常緊湊，從上午9點也要吃到下午5、6點才能結束，等評審走了我幾乎快累癱，面對亂七八糟的廚房仍要一人打包廚餘、整理包裝、清洗碗盤，忙到午夜才能休息。

若是舉行飯店現煮外賣年菜的鑑定，前一天就要在家打包行李，杯碗筷盤刀叉匙杓缺一不可，因為我們是大報，邀請南僑集團會長陳飛龍、美食家韓良露等重量級評審到場，怎麼好意思拿出紙杯、塑膠碗和免洗筷？當然更不願向單一飯店出借，以免又落人口實，所以家裡常用餐具幾乎全打包，有時評審團人數接近10人，還要跟同事借用類似花紋的瓷碗，細節講究到如此。盲眼規則更嚴苛，飯店公關送菜到報社，菜一放下就得走，絕對不能知道誰是評審，評鑑結果好壞就是見報那一天，一翻兩瞪眼。

在報社主持了一整天的年菜鑑定，同樣吃完要洗碗，但清洗永遠不是難事，難在最後的收尾。為了讓飯店知道為什麼沒有得名，或難吃到名列NG料理，我都會非常認真的為每一家飯店打一份報告，重現當天評審試吃時所說的話，即使很難聽，也照實記錄。因為這份報告不會見報，但很想讓提供年菜的業者了解，自家年菜在食材、做法、風味、價格，甚至是包裝與標示上的各問題。

有的飯店感謝我，隔年還跟我要報告，有的飯店拿這份報告來鬥爭廚師，廚師甚至私下告訴我是故意不想把年菜做好，「廚房設備根本做不了大量年菜，必須提早備料冷凍，如果被妳認定好吃又非買不可，過年前我們可忙慘了！」

所以這麼多年下來我也學乖了，在發表NG料理時，不寫飯店或通路名稱，只公布菜名，因此聰明的讀者也學會了按圖索驥。這麼多年走過來，知道許多讀者看了鑑定才下手購買，這是我的驕傲，證明主跑美食和旅遊不是只有吃喝玩樂，還有更多新聞角度能切入，直到我離開報社後，《中國時報》最權威的美食評鑑就此畫下句點。

透過盲眼測試，打破飯店神話、名廚崇拜、行銷謊言，或僅限於新聞稿上

才有的華麗美味。權威推薦是什麼？這個時代多是盲從，擁有媒體或主宰媒體的人就是權威，誰還在乎是否接近事實，而且大家都愛名人，但名人為什麼出名已經不重要。演戲的是瘋子，看戲的是傻子，想也不想就跟著別人掏錢的是凱子，吃東西你自願，吃美食長知識全是為了保護自己。

保師傅的學生，工業設計師林岳霄，
用求真來鼓勵師母，師母就是我啦！

【索引】

【序／米麥雜糧篇】

【牛肉海鮮篇】

宜蘭真情非凡民宿伍參港海廚餐廳／宜蘭縣頭城鎮外澳里濱海路2段70號／039-773523

分饗熟成海鮮／請搜尋宅配鮮網站

香格里拉台北遠東飯店／台北市大安區敦化南路二段201號／02-23788888

李日勝公司／台北市迪化街一段173號／02-25570729

文一食品／高雄市茄萣區文化路77號／07-6900066

旺興漁業／澎湖縣馬公市山水里110之15號／06-9952756／台北魚市有門市

89海產／台北市合江街89號／02-25016167

大鵬灣食堂／台北市北平東路16號／02-23515568

Fresh & Aged牛排館／114台北市內湖區民善街128號2F／02-27961566

晶華酒店／台北市中山北路2段41號／02-25115000

鈦景國產牛肉專賣店・御牛殿麵鍋食堂嘉義縣府店／嘉義縣朴子市祥和三路西段73號／05-3623520

鈦景國產牛肉專賣店台北東門店／台北市臨沂街70號／02-23563468

御牛殿麵鍋食堂台北內湖店／台北市新湖三路23號1樓／02-87918663

湖東牛肉店／高雄市湖內區中山路一段107號／07-6930466

劉家莊牛肉爐／台南永康區正強街226號之1／0916-304387

Alexander's Steakhouse／台北市大安區敦化南路一段235-2號／02-27418080

國賓飯店A Cut牛排館／台北市中山北路二段63號B1／02-25710389

維多麗亞酒店N°168 PRIME牛排館／台北市敬業四路168號4樓／02-66025678／敦化店：台北市敦化南路一段246號7樓（SOGO敦化百貨）／02-66176168

教父牛排／台北市中山區樂群三路58號／02-85011838

金石堂瑪德蓮書店・咖啡／台北市汀州路3段192號B1／02-23655980

華泰飯店驢子餐廳／台北市林森北路369號1F／02-25818111

蝦覓世界的冷凍蝦仁／嘉義縣義竹鄉新店村275號附16／05-3426823

邱家兄弟無毒生態水產育成中心／嘉義縣義竹鄉北港仔段2號／05-3427232

安永鮮物總部門市／台北市堤頂大道二段483號／02-27995596／全台共十餘家分店

【豆蛋奶篇】

逢春園民宿／宜蘭縣大同鄉松羅村玉蘭20號／03-9801942

豆芳華豆屋／台東縣池上鄉萬安村4鄰23號／089-863781

大池豆皮店／台東縣池上鄉大埔村4鄰39-2號／089-862392

鄉庭無毒休閒農場／花蓮縣壽豐鄉豐山村山邊路二段157巷36號／03-8651315

美慧食府／台北市南港區玉成街166巷29號1樓／02-27886670

名揚坤昌行／台北縣中和市南山路176-2號1樓／02-29400271

郭家莊玉英豆腐乳／苗栗縣公館鄉福星村214之2號／03-7228658

奮起湖豆腐店／嘉義縣竹崎鄉中和村奮起湖147號／05-2561001

欣綠農場／花蓮縣光復鄉大全村大全街60號／03-8701861

一佳村青草園／宜蘭縣冬山鄉中山村中城二路58巷11號／03-9588852

香港有利腐乳王／香港灣仔堅拿道東一號A（登龍街口）／28910211

紹興咸亨豆腐乳／明光食品公司有賣／新北市中和區景平路634之9號B1／02-22483282

萬美食品行的一心豆漿濾巾／桃園縣平鎮市承德路55號／03-4578988

穿龍老屋豆腐坊／苗栗縣公館鄉福基村福基120號／03-7232646

晨露庄民宿／宜蘭縣冬山鄉武淵村武罕五路363號／03-9568492

樺達奶茶／高雄市鹽埕區新樂街99號／07-5512151

柳營農會的牛奶製品／台南市柳營區士林里柳營路二段77號／06-6221248

【 青菜醃菜篇 】

老上海菜館／台北市仁愛路四段300巷9弄4號／02-27051161

圍爐酸白菜火鍋／台北市仁愛路四段345巷4弄36號／02-27529439

卓也小屋民宿／苗栗縣三義鄉雙潭村13鄰崩山下1-5號／03-7879198

小南人燒烤廚房／台南市中西區西門路1段755號／

永齡有機農場／高雄市杉林區上平里山仙路288號／07-6775068

【 調味料篇 】

穀盛公司／嘉義縣民雄鄉中正路38號／05-2204911

西華飯店／台北市民生東路三段111號／02-27181188

三田糖菓店／台北市赤峰街49巷19號／0225594641

明光食品公司／新北市中和區景平路634之9號B1／02-22483282

中農粉絲公司／台中市北屯區太原路三段896之2號／04-24373655／臉書：中農粉絲小達人

坪林農會包種茶油／新北市坪林區水德里北宜路八段301號／02-26657229

水美溫泉會館水美食府／台北市北投區光明路224號／02-28983838

三義農會山茶油／苗栗縣三義鄉廣盛村中正路80號／037-872001

里山生態公司的小農商品／屏東縣恆春鎮中山路39號／08-8883939

帕莎蒂娜法式餐廳／高雄市三民區河堤路298號／07-3411256

義香黑麻油／屏東縣崁頂鄉崁頂村中興路23號／08-8632822

滿州農會黑豆製品／屏東縣滿州鄉中山路34號／08-8801849

神茶油／台南市長榮路一段232號／0800236189

星光森林民宿／嘉義縣竹崎鄉金獅村出水坑18號／05-2566736

喜願大豆特工隊的白醬油／彰化縣二林鎮儒林路二段25號／04-8961014

蜂之饗宴的蜂蜜／台東縣關山鎮隆盛路191號／089-814583

關西李記醬油／新竹市東區東南街119號1樓／03-5620599

家庭服務社出品山東醋／新竹市聖軍路97巷7號／03-5361948／無零賣需買整箱

徐茂揮的釀造工作室／桃園市新屋區埔頂路101號／03-4970937

香港頤和園醬油／在台北city'super專賣

新來源醬園／嘉義縣布袋鎮龍江里新厝仔168號／05-3476809

SOUP湯品專賣店／台北市南京東路4段176號1樓／02-25700031

【跋／教你吃，規矩吃】

Cellier煦利品酒藝廊／台北市松江路129號10樓之2／0936469375

紗舞縭極品集／台北市敦化南路一段270巷21號／02-87715548

PINO義大利燉飯專賣店／台北市中山北路六段140號／02-28348828

薄多義Bite 2 Eat／台中市南屯區公益路二段132號／04-23261515／全台分店眾多，請上臉書查詢

幸呼蕎麥麵／台北市大安區光復南路260巷34號1樓／02-87710296

元香沙茶火鍋／台北市信義路三段35號／02-27542882

老西門沙茶火鍋／台北市忠孝東路四段126號2樓／02-87727798

欣葉台菜創始店／台北市中山區雙城街34之1號／02-25963255

汕頭天天沙茶火鍋／高雄市鹽埕區七賢三路240號／07-5518868

欣葉小聚／新北市中和區中山路3段122號4樓（環球購物中心）／02-32345858

麻辣公館／台北市光復南路280巷40號／02-27218511

大倉久和飯店／台北市南京東路一段9號／02-25231111

珠寶盒法式點心坊／台北市大安區麗水街33巷19之1號／02-33222461

國家圖書館出版品預行編目資料

吃美食也要長知識 / 王瑞瑤著. -- 初版. -- 臺北
市：皇冠, 2016.06
面；公分. -- (皇冠叢書；第4555種)(玩味；10)
ISBN 978-957-33-3240-4(平裝)

1.食譜 2.健康飲食

427   105008573

皇冠叢書第4555種
玩味 10

吃美食也要長知識

作　　者―王瑞瑤
發 行 人―平雲
出版發行―皇冠文化出版有限公司
　　　　　台北市敦化北路120巷50號
　　　　　電話◎02-27168888
　　　　　郵撥帳號◎15261516號
　　　　　皇冠出版社(香港)有限公司
　　　　　香港上環文咸東街50號寶恒商業中心
　　　　　23樓2301-3室
　　　　　電話◎2529-1778　傳真◎2527-0904
總 編 輯―龔橞甄
責任主編―許婷婷
責任編輯―蔡維鋼
美術設計―宋萱
著作完成日期―2016年
初版一刷日期―2016年6月

法律顧問―王惠光律師
有著作權‧翻印必究
如有破損或裝訂錯誤，請寄回本社更換
讀者服務傳真專線◎02-27150507
電腦編號◎542010
ISBN◎978-957-33-3240-4
Printed in Taiwan
本書定價◎新台幣450元/港幣150元

● 皇冠讀樂網：www.crown.com.tw
● 皇冠Facebook：www.facebook.com/crownbook
● 小王子的編輯夢：crownbook.pixnet.net/blog